Uni-Taschenbücher 906

T0234483

UTB

Eine Arbeitsgemeinschaft der Verlage

Birkhäuser Verlag Basel und Stuttgart
Wilhelm Fink Verlag München
Gustav Fischer Verlag Stuttgart
Francke Verlag München
Paul Haupt Verlag Bern und Stuttgart
Dr. Alfred Hüthig Verlag Heidelberg
Leske Verlag + Budrich GmbH Opladen
J. C. B. Mohr (Paul Siebeck) Tübingen
C. F. Müller Juristischer Verlag — R. v. Decker's Verlag Heidelberg
Quelle & Meyer Heidelberg
Ernst Reinhardt Verlag München und Basel
K. G. Saur München · New York · London · Paris
F. K. Schattauer Verlag Stuttgart · New York
Ferdinand Schöningh Verlag Paderborn
Dr. Dietrich Steinkopff Verlag Darmstadt
Eugen Ulmer Verlag Stuttgart
Vandenhoeck & Ruprecht in Göttingen und Zürich

Lothar Berg

Differenzengleichungen zweiter Ordnung mit Anwendungen

Mit 35 Abbildungen

Springer-Verlag Berlin Heidelberg GmbH

Prof. Dr. Lothar Berg, geboren 1930 in Stettin, studierte 1949—1953 Mathematik an der Universität Rostock. Promotion 1955 an der Universität Rostock, Habilitation 1957 an der Hochschule für Elektrotechnik Ilmenau. 1959 Berufung zum Professor an die Martin-Luther-Universität Halle—Wittenberg. Seit 1965 an der Universität Rostock. 1973 wurde Prof. Berg mit der Universitätsmedaille der Universität Jyväskyla (Finnland) ausgezeichnet, 1978 mit dem Universitätspreis für Forschung der Wilhelm-Pieck-Universität Rostock.
Hauptarbeitsgebiete: Asymptotik, Operatorenrechnung, Numerische Mathematik.
Buchveröffentlichungen: Einführung in die Operatorenrechnung (1962, 2. Aufl. 1965; engl. Ausgabe 1967); Übungsaufgaben und Lösungen zur Einführung in die Operatorenrechnung (1968); Asymptotische Darstellungen und Entwicklungen (1968); Operatorenrechnung I, II (1972, 1974); Analysis in geordneten, kommutativen Halbgruppen mit Nullelement (1975).
Prof. Berg ist Mitglied der Deutschen Akademie der Naturforscher Leopoldina.

CIP-Kurztitelaufnahme der Deutschen Bibliothek

Berg, Lothar:
Differenzengleichungen zweiter Ordnung mit
Anwendungen/Lothar Berg. — Darmstadt: Steinkopff, 1980.
(Uni-Taschenbücher; 906)

ISBN 978-3-7985-0546-9   ISBN 978-3-642-53765-3 (eBook)
DOI 10.1007/978-3-642-53765-3

Lizenzausgabe 1980 des VEB Deutscher Verlag der Wissenschaften, Berlin
© 1979 by Springer-Verlag Berlin Heidelberg
Ursprünglich erschienen bei VEB Deutscher Verlag der Wissenschaften, Berlin 1979

Gebunden bei der Großbuchbinderei Sigloch, Leonberg-Ramtel

Vorwort

Das vorliegende Buch stellt sich als Ziel, zwischen der elementaren Schulmathematik und der sogenannten höheren Mathematik eine Brücke zu schlagen, indem es einen Stoff behandelt, der einerseits selbst noch weitgehend elementar dargestellt werden kann, andererseits aber eine günstige Gelegenheit bietet, den Leser in analytische Denk- und Arbeitsweisen einzuführen, die er sonst erst auf einer wesentlich höheren Abstraktionsstufe kennenlernt. Diesen Stoff bilden die linearen Differenzengleichungen, wobei wir uns der Einfachheit wegen auf Gleichungen bis zur Ordnung 2 beschränken, zumal die Lösungen dieser Gleichungen bereits das typische Verhalten der Gleichungen höherer Ordnung widerspiegeln.

Die Theorie dieser Differenzengleichungen läßt sich verhältnismäßig kurz abhandeln, so daß wir uns auf ihre Anwendungen konzentrieren, die vor allem der Numerischen Mathematik entnommen werden. In der numerischen Praxis treten Differenzengleichungen in der Regel als diskrete Approximationen für Differentialgleichungen auf. Auf diesen Zusammenhang gehen wir hier jedoch explizit nicht ein, da an keiner Stelle die Differential- und Integralrechnung und nicht einmal der Grenzwertbegriff benutzt werden soll, obwohl es mehrere Gelegenheiten gibt, wo der Schritt bis dahin nicht mehr allzu groß ist. Der Verzicht auf Grenzübergänge erfolgt im Hinblick auf die Tatsache, daß numerische Verfahren heutzutage von digitalen Rechenautomaten ausgeführt werden, die nur über endlich viele Zahlen verfügen, der klassische Grenzwertbegriff aber in einem endlichen Zahlenbereich gegenstandslos bzw. trivial wird.

Statt dessen soll hier der Leser mit einigen iterativen und direkten Berechnungsverfahren vertraut gemacht werden, die sich sowohl zur Handrechnung als auch zur Programmierung auf einem Rechenautomaten eignen. Dabei werden wir uns weniger mit Zahlenbeispielen befassen als vielmehr mit solchen Beispielen, die auf leicht lösbare Differenzengleichungen führen, so daß alle erforderlichen Rechenschritte vollständig in Formeln ausgeführt werden können. Diese Formeln bieten uns einen guten Einblick in die Wirkungsweise der jeweiligen Algorithmen, und da sie meistens einen oder mehrere Parameter enthalten, lassen sich durch Änderung der Parameter die Vor- und Nachteile sowie die Grenzen der Algorithmen erkennen. Kenntnisse hierüber sind keineswegs nur für Mathematiker von Bedeutung, sondern durchaus auch für Nutzer der Mathematik, da man nicht immer auf fertige Rechenprogramme zurückgreifen kann, sondern sich oft an der Ermittlung des geeignetsten Lösungsweges selbst beteiligen muß.

Anlage und Zielstellung des Buches bringen es mit sich, daß vom Leser nach Möglichkeit eine gewisse Gewandheit in der „Buchstabenrechnung", d. h. im Umgang mit algebraischen Ausdrücken, erwartet wird, während sonst an Vorkenntnissen nicht einmal der gesamte Schulstoff erforderlich ist. Wer jedoch über diese Gewandtheit noch nicht verfügt, kann sie sich bei der Durcharbeitung des Buches erwerben, indem er wichtige Umformungen sorgfältig nachrechnet und dort, wo es notwendig erscheint, weitere Zwischenrechnungen selbständig ergänzt. Manchmal ist es auch nützlich, die Formeln durch selbst gewählte Zahlenbeispiele zu überprüfen. Eine weitere Hilfe bieten die Übungsaufgaben, die den behandelten Stoff nicht nur festigen, sondern zum Teil auch vertiefen bzw. spätere Untersuchungen vorbereiten sollen. Hinweise zu den Lösungen findet man im Anhang.

Einen Überblick über den Inhalt des Buches kann man aus der Einleitung sowie aus den Bemerkungen am Anfang eines jeden Abschnittes entnehmen. Bei der Lektüre ist es möglich, speziellere Ausführungen bzw. etwas längere Rechnungen zunächst einmal zu überspringen. Man kann sogar von vornherein mit einem späteren Abschnitt beginnen, doch sollte dann wenigstens bei Rückverweisungen der benötigte Inhalt der vorhergehenden Abschnitte zur Kenntnis genommen werden. In das Literaturverzeichnis wurden nur solche Titel aufgenommen, die gleichfalls einen weitgehend elementaren Charakter besitzen; weiterführende Beiträge erscheinen zu den behandelten Themen laufend in den einschlägigen Fachzeitschriften.

Das Buch wurde bereits in einem Proseminar für Mathematikstudenten des dritten Semesters als Vorlage benutzt, wobei natürlich auf Grund des dort vorhandenen höheren Wissensstandes sowie an Hand der Zusatzliteratur verschiedene Untersuchungen in abgekürzter bzw. vertiefter Form durchgeführt werden konnten. Diskussionen im Seminar, Bemerkungen von Herrn Prof. Dr. F. Röhs und Herrn Dr. J. Bock sowie besonders zahlreiche Hinweise von Herrn Dr. H. Belkner führten zu einer Verbesserung des Textes, für die ich mich vielmals bedanken möchte. Mein Dank gilt auch Herrn Dr. W. Plischke für die Anfertigung der Abbildungsvorlagen und die Hilfe beim Korrekturlesen sowie allen beteiligten Mitarbeitern des Verlages und der Druckerei für die geleistete Arbeit.

Rostock, im Frühjahr 1979 Lothar Berg

Inhalt

Inhalt

Einleitung

Differenzengleichungen zweiter Ordnung sind für sich genommen eigentlich nicht so interessant und wichtig, daß es sich lohnen würde, ihnen ein selbständiges Buch zu widmen. Jedoch erhalten sie dadurch eine Bedeutung, daß es mit ihrer Hilfe möglich ist, einige Grundaufgaben der Numerischen Mathematik und ihrer Anwendungen in weitgehend elementarer Weise zu erläutern und die zugehörigen Lösungsmethoden explizit auszuführen. Man kann so bereits frühzeitig Begriffe, Probleme und Algorithmen kennenlernen, deren Verständnis ein späteres Eindringen in die Analysis vorbereitet und erleichtert.

Im ersten Teil des Buches werden die Differenzengleichungen in der Form

$$y_n + a_n y_{n-1} + b_n y_{n-2} = f_n \tag{1}$$

geschrieben und bei vorgegebenen Anfangsbedingungen als Rekursionsformeln behandelt. Im zweiten Teil treten sie nach der Umbezeichnung $y_n = z_{n+1}$ in der Form

$$z_{n+1} + a_n z_n + b_n z_{n-1} = f_n \tag{2}$$

auf und werden dort bei vorgegebenen Randwerten betrachtet, wobei sie in lineare Gleichungssysteme übergehen.

Nach einem einführenden Abschnitt werden zunächst die später benötigten analytischen Lösungsmethoden und qualitativen Eigenschaften der Lösungen von (1) behandelt, bevor im dritten Abschnitt auf die numerischen Iterationsverfahren eingegangen wird. Im vierten Abschnitt, der vom vorhergehenden unabhängig ist, werden dann auf der Grundlage des zweiten Abschnitts Aufgaben der Mechanik behandelt, ohne die sonst dort üblichen Differentialgleichungen zu benutzen, sowie im letzten Paragraphen Aufgaben aus der Wahrscheinlichkeitsrechnung, nachdem die erforderlichen Grundbegriffe bereitgestellt worden sind.

In den nächsten beiden Abschnitten, die bis auf § 17 ebenfalls von den beiden vorhergehenden unabhängig sind, werden drei verschiedene Lösungsmethoden für die mit der Differenzengleichung (2) zusammenhängenden Gleichungssysteme ausführlich vorgeführt und Maßnahmen zur Vermeidung starker Ungenauigkeiten, die bei der numerischen Auflösung auftreten können, diskutiert. Der vorletzte Abschnitt befaßt sich mit der für praktische Anwendungen typischen Situation, daß ein theoretisch nicht lösbares überbestimmtes Gleichungssystem vorliegt, dessen Unlösbarkeit aber nur durch kleine Meß- oder Rundungsfehler in den Eingabedaten zustande kommt. Hier wird eine „verallgemeinerte Lösung" definiert und bestimmt, die die widerspruchsvollen Gleichungen „möglichst gut" erfüllt und die Eingabefehler weitgehend ausgleicht. Im letzten Abschnitt wird ein kurzer Einblick in Operatormethoden gegeben, durch die vorhergehende spezielle Überlegungen in einen allgemeinen Rahmen gestellt werden, der von großer Tragweite ist. Von hier hat man einen gewissen Anschluß an das Buch „Operatorenrechnung, I. Algebraische Methoden", VEB Deutscher Verlag der Wissenschaften, Berlin 1972, des Verfassers.

Während der Stoff am Anfang des Buches noch verhältnismäßig breit dargelegt wird, werden die Ausführungen später immer mehr gestrafft. Besonders im zweiten Teil findet man Aussagen, deren Richtigkeit lediglich aus dem Zusammenhang hervorgeht. Hier ist zu empfehlen, sich die erforderliche Argumentation selbst zu erarbeiten. Auch schon im ersten Teil kann es für einen vollständigen Beweis erforderlich sein, beispielsweise noch zusätzlich das Prinzip der vollständigen Induktion heranzuziehen bzw. sich von der Umkehrbarkeit der einzelnen Beweisschritte zu überzeugen, sofern der Beweis eigentlich in der umgekehrten Reihenfolge hätte durchgeführt werden müssen. Dies bedeutet, daß vom Leser in jedem Fall eine aktive Mitarbeit erwartet wird, von der er selbst dann auch den größeren Nutzen hat. Wer bis in die Grundlagen der Mathematik hinabsteigen möchte, sei ausdrücklich auf die Rechtfertigungssätze für die vollständige Induktion, die induktive Definition sowie für die Existenz von Lösungen einer Rekursionsformel bei G. ASSER [16] verwiesen.

Die Bezeichnungen werden nicht starr beibehalten, sondern gewechselt, wenn dies für die weiteren Rechnungen vorteilhaft ist. Ein Beispiel hierfür ist bereits der Übergang von (1) zu (2). Für (1) werden später im Fall konstanter Koeffizienten $a_n = a$, $b_n = b$ und $f_n = 0$ für alle vorkommenden n (man schreibt dann auch $f_n \equiv 0$ und liest: f_n identisch gleich Null) Lösungen der Form

$$y_n = c_1 \lambda_1{}^n + c_2 \lambda_2{}^n \tag{3}$$

ermittelt (vgl. (7.9)), wobei λ_1, λ_2 durch a und b bestimmte feste Zahlen sind und c_1, c_2 beliebig gewählt werden können. Beim Übergang von (1) zu (2) erhält man wegen $z_n = y_{n-1}$ (diese Gleichung folgt aus $z_{n+1} = y_n$ bei Ersetzung der ganzzahligen Veränderlichen n durch $n - 1$) zunächst $z_n = c_1 \lambda_1{}^{n-1} + c_2 \lambda_2{}^{n-1}$. Da aber die Zahlen c_k, $k = 1, 2$, willkürlich sind, kann man sie auch durch andere Zahlen ersetzen, beispielsweise durch $c_k \lambda_k$.

Dann geht $c_k \lambda_k^{n-1}$ in $c_k \lambda_k \lambda_k^{n-1} = c_k \lambda_k^n$ über, so daß auch die Gleichung (2) Lösungen der Form

$$z_n = c_1 \lambda_1^n + c_2 \lambda_2^n \qquad (4)$$

besitzt (vgl. (19.3)). Später werden wir den Übergang von (3) zu (4) sowie analoge Übergänge bei ähnlichen Gelegenheiten ohne erneuten Kommentar vollziehen, da der aufmerksame Leser ohne weiteres erkennt, daß die c_k in (3) und (4) nicht dieselben sind.

Wie bereits aus den Beispielen (3) und (4) entnommen werden kann, haben Differenzengleichungen im Gegensatz zu den sonst üblichen elementaren Bestimmungsgleichungen unendlich viele Lösungen. Bei solchen nicht eindeutig lösbaren Gleichungen ist es grundsätzlich von Interesse, nicht nur irgendwelche „speziellen Lösungen" zu kennen, sondern die Menge aller nur möglichen Lösungen, die als „allgemeine Lösung" bezeichnet wird. Bei den im Text folgenden Beispielen wird eine allgemeine Lösung stets wie in den Fällen (3) und (4) durch einen Ausdruck dargestellt, der einen oder zwei willkürlich wählbare Parameter enthält, durch deren Festlegung man jede beliebige spezielle Lösung gewinnen kann. Insbesondere lassen sich auch ohne Mühe diejenigen Lösungen bestimmen, die noch zusätzlichen Nebenbedingungen wie den bereits erwähnten Anfangs- und Randbedingungen genügen.

Im zweiten Teil treten Elemente mit Doppelindizes wie g_{nm} auf. Hierbei handelt es sich um Funktionen $g_{nm} \equiv g(n, m)$ von zwei ganzzahligen Veränderlichen n und m, so daß man eigentlich $g_{n,m}$ schreiben müßte, da n und m nicht miteinander zu multiplizieren sind. Man benutzt aber bei Doppelindizes das trennende Komma nur dann, wenn mindestens ein Index ein zusammengesetzter Ausdruck ist wie etwa im Fall $g_{n+2,m}$, da sonst die Bezeichnung zu schwerfällig wäre. Eine andere Möglichkeit, den zweiten Index vom ersten deutlich zu unterscheiden, besteht darin, ihn wie bei $z_n^{(m)}$ als oberen Index zu schreiben, wobei er dann in Klammern gesetzt wird, um Verwechslungen mit einer Potenz zu vermeiden.

Die Redewendung „für alle n" bedeutet stets „für alle in dem Zusammenhang vorkommenden Zahlen n". Dabei kann jeder Leser den Zahlbegriff zugrunde legen, der ihm geläufig ist. Sieht man von gelegentlich vorkommenden Irrationalzahlen, wie $\sqrt{2}$, π und $\log 4$, ab, so kommt man weitgehend mit rationalen Zahlen aus. Wer jedoch sogar die komplexen Zahlen beherrscht, kann auf verschiedene Fallunterscheidungen und Einschränkungen im Text verzichten, da diese lediglich gemacht wurden, um den reellen Zahlenbereich nicht zu verlassen. Selbstverständlich sind unter Verwendung stärkerer Hilfsmittel auch an anderen Stellen Abkürzungen möglich; so lassen sich beispielsweise die späteren Gleichungen (23.10) mit Hilfe partieller Ableitungen in wenigen Zeilen herleiten, doch dürfte der statt dessen geführte elementare Beweis auch seine Reize haben.

Erster Teil. Rekursionsformeln

In den modernen Anwendungen der Mathematik hat man es immer weniger nur mit einzelnen Zahlen zu tun. Besonders in der Datenverarbeitung treten vorwiegend ganze Datensätze oder, wie man auch sagt, *Zahlenfolgen* auf, die entweder aus einer rein mathematischen Problemstellung oder auch aus einer Serie von Messungen hervorgegangen sind. Es ist üblich, für Zahlenfolgen die Indexschreibweise

$$a_1, a_2, a_3, \ldots, a_n, \ldots$$

zu benutzen, wobei der Index n die Stellung des n-ten Gliedes a_n in der Folge angibt und auch durch einen anderen Buchstaben ersetzt werden kann. Wir interessieren uns hier zunächst für solche Zahlenfolgen, bei denen zwischen den Folgengliedern eine bestimmte Gesetzmäßigkeit besteht, aus der sich weitergehende Schlußfolgerungen ziehen lassen.

Ein einfaches *Beispiel* für eine Zahlenfolge ist die Folge der ungeraden Zahlen

$$1, 3, 5, 7, 9, 11, \ldots$$

Das allgemeine Glied der Folge lautet hier $a_n = 2n - 1$, wobei n die Folge der natürlichen Zahlen $1, 2, 3, \ldots$ durchläuft, d. h.

$$a_1 = 1, \quad a_2 = 3, \quad a_3 = 5, \ldots$$

Zwischen zwei benachbarten Gliedern dieser Folge besteht die Beziehung

$$a_n = a_{n-1} + 2,$$

die ein erstes Beispiel für eine *Rekursionsformel* ist.

Im folgenden sollen die einfachsten Klassen von Rekursionsformeln vorgestellt und einige ihrer Eigenschaften und Anwendungsmöglichkeiten in der Numerischen Mathematik, der Mechanik und der Wahrscheinlichkeitsrechnung besprochen werden. Wer sich für weitere elementare Darstellungen über Rekursionsformeln interessiert, sei auf die Bücher A. I. MARKUSCHEWITSCH [12], N. N. WOROBJOW [14] und D. R. DICKINSON [8] verwiesen.

I. Diskrete Funktionen

Von einem allgemeinen Standpunkt aus gesehen, ist eine Folge nichts anderes als eine *diskrete Funktion*, d. h. eine Funktion einer diskreten Veränderlichen. Eigentlich müßten wir daher das n-te Folgenglied mit $a(n)$ bezeichnen, durch die Indexschreibweise a_n sparen wir aber die bei Funktionen üblichen Klammern ein. Eine diskrete Funktion kann dadurch entstehen, daß sie von vornherein nur für diskrete Werte $n = 1, 2, 3, \ldots$ definiert ist. Sie kann aber auch aus einer Funktion $f(t)$ für eine kontinuierliche

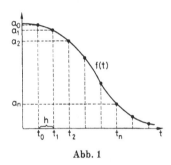

Abb. 1

(reelle) Veränderliche t durch *Abtastung* hervorgegangen sein, indem von dieser Funktion die speziellen Werte $a_n = f(n)$ oder allgemeiner $a_n = f(t_0 + nh)$ für $n = 1, 2, 3, \ldots$ herausgegriffen werden. Letzteres ist etwa der Fall, wenn ein Zeitvorgang nicht laufend beobachtet, sondern nur zu gewissen Zeitpunkten $t_n = t_0 + nh$ im Abstand h gemessen wird (Abb. 1).

Zweckmäßigerweise wird man zulassen, daß bei einer Zahlenfolge der Index n nicht nur bei $n = 1$, sondern bei einer beliebigen ganzen Zahl beginnt, die positiv, negativ oder auch gleich Null sein kann. So ließe sich die bereits erwähnte Folge der ungeraden Zahlen auch in der Form $b_n = 2n + 1$ mit $n = 0, 1, 2, \ldots$ darstellen, wobei zur vorhergehenden Schreibweise der Zusammenhang $b_n = a_{n+1}$ besteht. Eine solche additive Änderung von n um eine ganze Zahl nennt man eine *Indexverschiebung*.

Der Kürze wegen werden wir für das n-te Glied einer Folge (mit festem n) und für die durch dieses Glied bestimmte Folge (mit variablem n) dieselbe Bezeichnung benutzen, da stets aus dem Zusammenhang hervorgeht, was gemeint ist. Aus dem Zusammenhang wird auch ersichtlich sein, ob der Index n nur endlich viele Werte durchläuft, oder nach „rechts" hin (eventuell sogar nach „links" hin) keiner Beschränkung unterworfen ist.

§ 1. Rekursive Definitionen

Um uns mit dem Wesen von Rekursionsformeln vertraut zu machen, beginnen wir mit einigen einfachen Beispielen. Dabei wollen wir zeigen, daß einige wohlbekannte Definitionen, in denen eine natürliche Zahl n vorkommt, sich präziser fassen lassen, wenn man sie in rekursiver Weise vornimmt.

Produkte. Die *Multiplikation* mit einer natürlichen Zahl $n \geq 2$ ist bekanntlich nichts anderes als eine wiederholte Addition, d. h., man definiert für eine beliebige Zahl a

$$2a = a + a, \quad 3a = a + a + a, \quad 4a = a + a + a + a$$

und allgemein, wenn man n Summanden a addiert,

$$na = a + a + \cdots + a.$$

Diese Definition für das Produkt na hat allerdings den Nachteil, daß die Punkte auf der rechten Seite nicht klar ausdrücken, was gemeint ist. Daher geht man besser folgendermaßen vor: *Man definiert zunächst für den ersten Wert $n = 1$*

$$1a = a \tag{1.1}$$

und setzt dann für beliebige natürliche Zahlen $n > 1$

$$na = (n - 1)a + a. \tag{1.2}$$

Benutzt man die Definition (1.1), (1.2) nacheinander für $n = 2$, $n = 3$, $n = 4$ usw., so erhält man dieselben Ergebnisse wie zuvor:

$$2a = a + a, \quad 3a = 2a + a = a + a + a,$$
$$4a = 3a + a = a + a + a + a, \ \ldots$$

Im Unterschied zur erstgenannten direkten Definition kann man jedoch mit Hilfe der zweiten Definition das Produkt na an einer festen Stelle n nur dann berechnen, wenn man die entsprechenden Produkte an den vorhergehenden Stellen bereits kennt. Aus diesem Grunde spricht man hier und in analogen Fällen von einer *rekursiven Definition*.

Potenzen. Analog zum Vorhergehenden werden *Potenzen* einer beliebigen Zahl $a \neq 0$ durch

$$a^1 = a, \quad a^2 = aa, \quad a^3 = aaa, \quad a^4 = aaaa$$

und allgemein bei n Faktoren durch

$$a^n = aa \cdots a$$

als wiederholte Multiplikation eingeführt. Auch diesmal lassen sich die Punkte durch eine rekursive Definition vermeiden, indem man *für $n = 0$*

$$a^0 = 1 \tag{1.3}$$

und für beliebige natürliche Zahlen n

$$a^n = a^{n-1}a \tag{1.4}$$

festlegt. Eine Probe für $n = 1, 2, 3, 4, \ldots$ ergibt wieder die vorhergehenden Werte

$$a^1 = 1a = a, \quad a^2 = aa, \quad a^3 = a^2a = aaa, \quad a^4 = a^3a = aaaa, \quad \ldots$$

Das Verhalten der Folge a^n bei wachsendem n hängt wesentlich von a ab und kann für $a > 0$ der Abb. 2 entnommen werden.

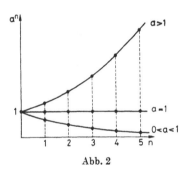

Abb. 2

In den beiden Fällen (1.2) und (1.4) lassen sich die Folgen übrigens auch nach „links" rekursiv fortsetzen, indem man ihre Definitionsgleichungen in der Form

$$(n - 1)\,a = na - a \quad \text{bzw.} \quad a^{n-1} = a^n/a$$

schreibt und hieraus mit Hilfe von (1.1) und (1.3) für $n = 1, 0, -1, -2, \ldots$

$$0a = 0, \quad (-1)\,a = -a, \quad (-2)\,a = -2a, \quad (-3)\,a = -3a, \quad \ldots$$

sowie für $n = 0, -1, -2, \ldots$

$$a^{-1} = 1/a, \quad a^{-2} = 1/a^2, \quad a^{-3} = 1/a^3, \quad \ldots$$

berechnet, wobei im letzten Fall natürlich $a \neq 0$ vorauszusetzen ist.

Binomialkoeffizienten. Ein drittes Beispiel liefert das *Pascalsche Dreieck*

$$
\begin{array}{ccccccccccccc}
 & & & & & & 1 & & & & & & \\
 & & & & & 1 & & 1 & & & & & \\
 & & & & 1 & & 2 & & 1 & & & & \\
 & & & 1 & & 3 & & 3 & & 1 & & & \\
 & & 1 & & 4 & & 6 & & 4 & & 1 & & \\
 & 1 & & 5 & & 10 & & 10 & & 5 & & 1 & \\
1 & & 6 & & 15 & & 20 & & 15 & & 6 & & 1
\end{array}
$$

. . . . ,

das aus den sogenannten *Binomialkoeffizienten* gebildet wird. Man bezeichnet den in der n-ten Zeile an k-ter Stelle stehenden Koeffizienten mit $\binom{n}{k}$, wobei n und k von 0 an laufen (und $k \leq n$ ist). Beispielsweise stehen in der vierten Zeile die Binomialkoeffizienten

$$
\binom{4}{0} = 1, \quad \binom{4}{1} = 4, \quad \binom{4}{2} = 6, \quad \binom{4}{3} = 4, \quad \binom{4}{4} = 1.
$$

Das Bildungsgesetz der Binomialkoeffizienten läßt sich folgendermaßen rekursiv beschreiben: *Man wählt als Randelemente im Pascalschen Dreieck*

$$
\binom{n}{0} = \binom{n}{n} = 1 \tag{1.5}
$$

für alle $n \geq 0$ und setzt dann

$$
\binom{n}{k} = \binom{n-1}{k-1} + \binom{n-1}{k} \tag{1.6}
$$

für $n \geq 1$ und $1 \leq k \leq n - 1$. Dies bedeutet, daß jede innere Zahl im Pascalschen Dreieck durch Addition der beiden unmittelbar schräg darüber stehenden Zahlen entsteht, also beispeilsweise für $n = 5$, $k = 3$

$$
10 = 6 + 4.
$$

Aus dem Pascalschen Dreieck entnimmt man sofort die *Symmetrieeigenschaft*

$$
\binom{n}{k} = \binom{n}{n-k} \tag{1.7}
$$

für alle auftretenden n und k.

Das Beispiel der Binomialkoeffizienten ist insofern komplizierter als die beiden vorhergehenden, da in (1.6) die Rekursion in bezug auf zwei Veränderliche durchzuführen ist. Der Name für diese Zahlen kommt daher, daß sie als Koeffizienten in den *binomischen Formeln*

$$(a + b)^2 = a^2 + 2ab + b^2,$$

$$(a + b)^3 = a^3 + 3a^2b + 3ab^2 + b^3,$$

$$(a + b)^4 = a^4 + 4a^3b + 6a^2b^2 + 4ab^3 + b^4$$

usw. auftreten.

Aufgaben. 1. Die diskrete Funktion $n!$ wird durch $0! = 1$ und $n! = n(n-1)!$ für natürliche Zahlen n erklärt. Man zeige, daß $5! = 120$ ist.

2. Man beweise die Darstellung $\binom{n}{k} = \dfrac{n!}{k!\,(n-k)!}$.

§ 2. Arithmetische und geometrische Folgen

Von CARL FRIEDRICH GAUSS, dessen 200. Geburtstag im Jahre 1977 feierlich begangen wurde, erzählt man sich, daß er als Neunjähriger in der Schule die natürlichen Zahlen von 1 bis 100 addieren sollte. Dabei benutzte er eine Methode, die hier in etwas allgemeinerer Form wiedergegeben wird.

Es seien m und n zwei ganze Zahlen mit $m < n$. Gesucht sei die Summe x der $n - m + 1$ aufeinanderfolgenden ganzen Zahlen von m bis n, d. h.

$$x = m + (m + 1) + (m + 2) + \cdots + (n - 2) + (n - 1) + n.$$

Schreibt man diese Zahlen in der umgekehrten Reihenfolge:

$$x = n + (n - 1) + (n - 2) + \cdots + (m + 2) + (m + 1) + m$$

und addiert man zu jedem Summanden der ersten Gleichung den unmittelbar darunter stehenden Summanden der zweiten Gleichung, so erhält man auf der rechten Seite in jedem einzelnen Fall den festen Wert $n + m$ und daher für alle $n - m + 1$ Summanden insgesamt

$$2x = (n + m)(n - m + 1).$$

Somit ergibt sich für die gesuchte Summe x

$$m + (m + 1) + \cdots + (n - 1) + n = \frac{1}{2}(n + m)(n - m + 1)$$

und speziell für $m = 1$

$$1 + 2 + 3 + \cdots + (n - 1) + n = \frac{1}{2}(n + 1)\,n. \tag{2.1}$$

Für $n = 100$ folgt hieraus unmittelbar das Ergebnis von GAUSS $x = 5050$.

Arithmetische Folgen. Das vorhergehende Ergebnis läßt sich noch weiter verallgemeinern. Um dies zu zeigen, betrachten wir die Summe

$$y = a + (a + d) + (a + 2d) + \cdots + (a + nd), \qquad (2.2)$$

wobei a und d beliebige Zahlen sein können und n eine natürliche Zahl ist. Die Glieder dieser Summe haben die Form $a_k = a + kd$ mit $k = 0, 1, 2, \ldots, n$; sie bilden, wie man sagt, eine *arithmetische Folge*. Eine arithmetische Folge läßt sich dadurch charakterisieren, daß bei ihr die *Differenz zweier benachbarter Folgenglieder*

$$a_k - a_{k-1} = d$$

vom *Folgenindex unabhängig* ist. Bei dem Beispiel (2.1) ist $d = 1$, auf S. 11 befindet sich ein Beispiel mit $d = 2$.

Um jetzt y zu berechnen, brauchen wir nur zu beachten, daß auf der rechten Seite von (2.2) nach Auflösung der Klammern $(n+1)$-mal der Summand a vorkommt und der Rest nach Ausklammerung von d gerade die linke Seite von (2.1) ist. Damit erhalten wir

$$y = (n + 1)\, a + \frac{1}{2}\, (n + 1)\, nd = \frac{1}{2}\, (n + 1)\, (2a + nd).$$

Betrachten wir noch die Beziehung $a_0 + a_n = 2a + nd$, so finden wir für die arithmetische Folge $a_k = a + kd$ die *Summenformel*

$$a_0 + a_1 + \cdots + a_n = \frac{1}{2}\, (n + 1)\, (a_0 + a_n). \qquad (2.3)$$

In Worten: *Die Summe einer arithmetischen Folge ist gleich der halben Gliederzahl, multipliziert mit der Summe aus dem ersten und letzten Glied.*

Dieser Satz läßt sich leicht im Spezialfall (2.1) bestätigen, wobei man ihn entweder direkt anwenden kann oder nach Hinzunahme von $a_0 = 0$ als erstes Glied auf der linken Seite von (2.1).

Geometrische Folgen. Haben die Glieder einer Folge die Form $a_k = aq^k$, wobei a und q beliebige nicht verschwindende Zahlen sind, so spricht man von einer *geometrischen Folge*. Eine geometrische Folge ist dadurch charakterisierbar, daß bei ihr der *Quotient zweier benachbarter Folgenglieder*

$$a_k/a_{k-1} = q$$

vom *Folgenindex unabhängig* ist. Wir suchen jetzt für eine geometrische Folge die Summe

$$z = a + aq^2 + \cdots + aq^{n-1} + aq^n.$$

Im Fall $q = 1$ ist offenbar $z = (n + 1)\,a$, und es handelt sich gleichzeitig um eine arithmetische Folge mit $d = 0$. Somit können wir diesen Fall ausschließen und $q \neq 1$ annehmen. Durch Multiplikation der Gleichung für z mit q folgt

$$zq = aq + aq^2 + \cdots + aq^{n-1} + aq^n + aq^{n+1}.$$

Bilden wir die Differenz der beiden vorhergehenden Gleichungen, so heben sich auf der rechten Seite fast alle Glieder weg, und es bleibt nur

$$z(1 - q) = a - aq^{n+1} = a(1 - q^{n+1})$$

übrig. Hieraus folgt nach Division durch $1 - q$ (unter Beachtung von $q \neq 1$) das *Ergebnis*

$$a + aq + aq^2 + \cdots + aq^n = a\,\frac{1 - q^{n+1}}{1 - q}. \qquad (2.4)$$

Aufgaben. Man schreibe den periodischen Dezimalbruch $0,636363\ldots$

3. als formale unendliche Reihe $a + aq + aq^2 + \cdots$,

4. als Quotient zweier natürlicher Zahlen.

§ 3. Folgen und Summen

Beim Rechnen mit Summen aus mehreren Gliedern ist es zweckmäßig, das durch

$$\sum_{k=m}^{n} a_k = a_m + a_{m+1} + \cdots + a_{n-1} + a_n \qquad (3.1)$$

definierte *Summenzeichen* zu benutzen, wobei $m \leq n$ vorauszusetzen ist. Man vermeidet dadurch ähnlich wie in § 1 die Punkte auf der rechten Seite. Der Index k wird *Summationsindex* genannt, er hat auf den Wert der Summe keinen Einfluß und kann durch einen beliebigen anderen Buchstaben (der in dem betrachteten Zusammenhang noch nicht vorkommt) ersetzt werden. Beispielsweise ist

$$\sum_{k=m}^{m} a_k = a_m, \quad \sum_{l=m}^{m+1} a_l = a_m + a_{m+1}, \quad \sum_{m=n-2}^{n} a_m = a_{n-2} + a_{n-1} + a_n,$$

und die vorhergehenden Gleichungen (2.1) und (2.4) lassen sich jetzt in der kürzeren Form

$$\sum_{k=0}^{n} k = \frac{1}{2}\,(n + 1)\,n, \qquad \sum_{k=0}^{n} aq^k = a\,\frac{1 - q^{n+1}}{1 - q}$$

mit $n \geq 0$ schreiben. Um auch gewisse *Grenzfälle* zu erfassen, werden wir die Definition (3.1) noch durch

$$\sum_{k=m}^{n} a_k = 0 \quad \text{im Fall} \quad n - m = -1 \tag{3.2}$$

ergänzen. Als sehr nützlich erweist sich der folgende

Äquivalenzsatz. *Zwischen den Gliedern* a_k *und der Summe*

$$s_n = \sum_{k=1}^{n} a_k \tag{3.3}$$

mit $n \geq 0$ *besteht für* $n \geq 1$ *der Zusammenhang*

$$s_n = s_{n-1} + a_n, \quad s_0 = 0 \tag{3.4}$$

und umgekehrt.

Beweis. 1⁰. Ist (3.3) gegeben, so folgt aus der Vereinbarung (3.2) sofort $s_0 = 0$. Weiterhin folgt unter Berücksichtigung von (3.1), (3.3) und

$$s_{n-1} = a_1 + a_2 + \cdots + a_{n-1}$$

die Gleichung $s_n = s_{n-1} + a_n$, so daß (3.4) bewiesen ist.

2⁰. Ist (3.4) gegeben, so gilt $a_n = s_n - s_{n-1}$ und daher

$$\begin{aligned}
\sum_{k=1}^{n} a_k &= \sum_{k=1}^{n} (s_k - s_{k-1}) \\
&= (s_1 - s_0) + (s_2 - s_1) + (s_3 - s_2) + \cdots \\
&\quad + (s_{n-1} - s_{n-2}) + (s_n - s_{n-1}).
\end{aligned}$$

Auf der rechten Seite heben sich aber die jeweils zweiten Glieder in den Klammern gegen die entsprechenden ersten Glieder in den vorhergehenden Klammern weg, so daß nur noch das erste Glied in den letzten Klammern s_n und das zweite Glied in den ersten Klammern $-s_0$ übrigbleibt, also

$$\sum_{k=1}^{n} a_k = s_n - s_0 \tag{3.5}$$

gilt. Wegen $s_0 = 0$ ist daher (3.3) bewiesen.

Die Gleichung (3.4) ist ein neues Beispiel für eine *Rekursionsformel*, von der wir einen Spezialfall in anderer Bezeichnungsweise bereits auf S. 11 kennengelernt haben. Sie drückt nichts anderes aus als eine rekursive Definition der Summe (3.3), nämlich

$$\sum_{k=1}^{n} a_k = \sum_{k=1}^{n-1} a_k + a_n, \quad \sum_{k=1}^{0} a_k = 0$$

für $n = 1, 2, 3, \ldots$ Umgekehrt kann man (3.3) als *Lösung der Rekursionsformel* (3.4) auffassen.

Der soeben bewiesene Äquivalenzsatz läßt sich in zweierlei Hinsicht anwenden. Einerseits kann eine beliebige Folge a_n mit $n \geqq 1$ gegeben sein, dann kann man ihr durch (3.4) die Folge der zugehörigen Partialsummen zuordnen. Andererseits kann eine beliebige Folge s_n mit $n \geqq 1$ gegeben sein. Dann kann man sie durch die Festlegung $s_0 = 0$ ergänzen und ihr durch $a_n = s_n - s_{n-1}$ mit $n \geqq 1$ eine neue Folge a_n zuordnen, durch die sich die gegebene Folge s_n als Summe (3.3) darstellen läßt.

Der Äquivalenzsatz läßt sich auch auf den Fall $s_0 \neq 0$ verallgemeinern. Wie man nämlich ganz analog zum vorhergehenden Beweis aus (3.5) erkennt, sind dann *die Gleichungen*

$$s_n = s_0 + \sum_{k=1}^{n} a_k \tag{3.6}$$

und

$$s_n = s_{n-1} + a_n \tag{3.7}$$

für $n \geqq 1$ zueinander äquivalent, d. h., die eine Gleichung folgt aus der anderen.

Als *Beispiel* hierzu wollen wir zunächst zwei der im vorhergehenden Paragraphen aufgestellten Beziehungen überprüfen. Wählen wir $s_n = \frac{1}{2}(n + 1)n$, so wird

$$a_n = s_n - s_{n-1} = \frac{1}{2}(n + 1)n - \frac{1}{2}n(n - 1) = n,$$

und wegen $s_0 = 0$ folgt (2.1) aus (3.3). Wählen wir $s_n = a\,\dfrac{1 - q^{n+1}}{1 - q}$, so wird

$$a_n = s_n - s_{n-1} = a\,\frac{q^n - q^{n+1}}{1 - q} = aq^n,$$

und wegen $s_0 = a$ folgt (2.4) aus (3.6).

Wählen wir drittens $s_n = \dbinom{m + n}{m + 1}$ für $n \geqq 1$ mit einer beliebigen natürlichen Zahl m und $s_0 = 0$, so erhalten wir wegen (1.6)

$$a_n = s_n - s_{n-1} = \binom{m + n}{m + 1} - \binom{m + n - 1}{m + 1} = \binom{m + n - 1}{m},$$

und aus (3.6) ergibt sich

$$\sum_{k=1}^{n} \binom{m + k - 1}{m} = \binom{m + n}{m + 1}. \tag{3.8}$$

Für $m = 1$ stellt (3.8) wieder die alte Formel (2.1) dar (vgl. Aufgabe 2). Dem Leser, der mit dem Summenzeichen noch nicht so vertraut ist, sei ausdrücklich empfohlen, sich alle Summenbeziehungen ausführlich aufzuschreiben, um sich von ihrer Richtigkeit zu überzeugen. Insbesondere möge er die *Rechenregeln*

$$\sum_{k=m}^{n} (a_k + b_k) = \sum_{k=m}^{n} a_k + \sum_{k=m}^{n} b_k$$

für zwei beliebige Folgen a_k, b_k,

$$\sum_{k=m}^{n} c a_k = c \sum_{k=m}^{n} a_k$$

für eine beliebige von k unabhängige Zahl c und

$$\sum_{k=m}^{n} a_k = \sum_{k=m}^{l} a_k + \sum_{k=l+1}^{n} a_k$$

für eine beliebige natürliche Zahl l mit $m - 1 \leq l \leq n$ verifizieren, die sich bei der Handhabung des Summenzeichens als nützlich erweisen.

Aufgaben. Man berechne für eine beliebige natürliche Zahl n

5. $\displaystyle\sum_{k=0}^{n} 1$,

6. $\displaystyle\sum_{k=0}^{n} (-1)^k \binom{n}{k}$.

§ 4. Berechnung weiterer Summen

Während wir bei den Beispielen des vorhergehenden Paragraphen davon ausgegangen sind, daß eine Folge s_n gegeben ist und die durch (3.7) definierten a_n gesucht sind, wollen wir jetzt den wichtigeren, aber auch komplizierteren Fall behandeln, daß die Folgenglieder a_k gegeben und die zugehörigen *Summen s_n gesucht* sind. Dabei sollen k und n stets natürliche Zahlen sein und $s_0 = 0$. Bei den ersten Beispielen versuchen wir, die gegebenen a_k durch geeignete Umformungen in Form einer Differenz

$$a_k = s_k - s_{k-1} \tag{4.1}$$

darzustellen, um die gesuchte Summe zu ermitteln. Die letzten Beispiele werden dann durch geeignete Umformungen auf die vorhergehenden zurückgeführt.

1^0. Es sei $a_k = (k + 1)k$. Wegen $(k + 2) - (k - 1) = 3$ können wir a_k in der Form

$$a_k = \frac{(k + 2) - (k - 1)}{3} (k + 1)\, k = \frac{1}{3}\, (k + 2)\, (k + 1)\, k$$

$$- \frac{1}{3}\, (k + 1)\, k(k - 1),$$

d. h. in der Form (4.1) mit $s_k = \frac{1}{3}\, (k + 2)\, (k + 1)k$, darstellen. Somit erhalten wir aus dem Äquivalenzsatz von § 3 unmittelbar das *Ergebnis*

$$\sum_{k=1}^{n} (k + 1)\, k = \frac{1}{3}\, (n + 2)\, (n + 1)\, n. \qquad (4.2)$$

2^0. Wählen wir $a_k = (k + 2)\, (k + 1)\, k$, so führt wegen $(k + 3) - (k - 1) = 4$ und daher

$$a_k = \frac{1}{4}\, (k + 3)\, (k + 2)\, (k + 1)\, k - \frac{1}{4}\, (k + 2)\, (k + 1)\, k(k - 1)$$

eine ganz analoge Überlegung zu dem *Ergebnis*

$$\sum_{k=1}^{n} (k + 2)\, (k + 1)\, k = \frac{1}{4}\, (n + 3)\, (n + 2)\, (n + 1)\, n. \qquad (4.3)$$

Wie man leicht sieht, lassen sich diese Beispiele auf ähnliche Summanden mit noch mehr Faktoren verallgemeinern. Dabei entsteht dann bis auf einen konstanten Faktor wieder die bereits bekannte Gleichung (3.8), die wegen

$$\binom{k + 1}{2} = \frac{(k + 1)\, k}{1 \cdot 2}, \quad \binom{n + 2}{3} = \frac{(n + 2)\, (n + 1)\, n}{1 \cdot 2 \cdot 3},$$

$$\binom{n + 3}{4} = \frac{(n + 3)\, (n + 2)\, (n + 1)\, n}{1 \cdot 2 \cdot 3 \cdot 4}$$

(vgl. Aufgabe 2) für $m = 2$ bis auf den Faktor $1/2$ in (4.2) und für $m = 3$ bis auf den Faktor $1/6$ in (4.3) übergeht.

3^0. Im Fall $a_k = \dfrac{1}{(k + 1)\, k}$ führt die sogenannte *Partialbruchzerlegung*

$$\frac{1}{(k + 1)\, k} = \frac{1}{k} - \frac{1}{k + 1} = \left(1 - \frac{1}{k + 1}\right) - \left(1 - \frac{1}{k}\right)$$

zu der gewünschten Zerlegung (4.1) mit $s_k = 1 - \dfrac{1}{k+1}$, wobei die 1 hinzugefügt wurde, damit $s_0 = 0$ wird. Somit liefert der Äquivalenzsatz

$$\sum_{k=1}^{n} \frac{1}{(k+1)\,k} = 1 - \frac{1}{n+1}. \qquad (4.4)$$

Analog führt die Partialbruchzerlegung

$$\frac{1}{(k+2)\,k} = \frac{1}{2}\left(\frac{1}{k} - \frac{1}{k+2}\right)$$

nach Division durch $k+1$ zu dem *Ergebnis*

$$\sum_{k=1}^{n} \frac{1}{(k+2)\,(k+1)\,k} = \frac{1}{2}\left(\frac{1}{2} - \frac{1}{(n+2)\,(n+1)}\right), \qquad (4.5)$$

das sich ebenfalls auf Summanden mit noch mehr Faktoren verallgemeinern läßt.

4^0. Als nächstes *Beispiel* betrachten wir den Fall $a_k = k^2$, in dem es schwieriger ist, die Zerlegung (4.1) zu finden. Daher gehen wir jetzt etwas anders vor. Wir schreiben $k^2 = (k+1)\,k - k$. Führen wir nun die Summation über k

$$\sum_{k=1}^{n} k^2 = \sum_{k=1}^{n} (k+1)\,k - \sum_{k=1}^{n} k$$

durch, so können wir auf der rechten Seite die bereits bekannten Ergebnisse (4.2) und (2.1) benutzen, die uns unmittelbar

$$\sum_{k=1}^{n} k^2 = \frac{1}{3}\,(n+2)\,(n+1)\,n - \frac{1}{2}\,(n+1)\,n$$

liefern. Klammern wir auf der rechten Seite $\dfrac{1}{6}\,(n+1)\,n$ aus, so folgt wegen $2(n+2) - 3 = 2n + 1$ das *Ergebnis*

$$\sum_{k=1}^{n} k^2 = \frac{1}{6}\,(2n+1)\,(n+1)\,n. \qquad (4.6)$$

5^0. Ganz ähnlich kann man im Fall $a_k = k^3$ vorgehen. Hier ist es am bequemsten, von der Zerlegung

$$(k+2)\,(k+1)\,k = k^3 + 3k^2 + 2k$$

auszugehen und diese Gleichung nach k^3 aufzulösen:

$$k^3 = (k+2)\,(k+1)\,k - 3k^2 - 2k.$$

Führen wir jetzt die Summation über k durch und berücksichtigen auf der rechten Seite die Gleichungen (4.3), (4.6) und (2.1), so finden wir

$$\sum_{k=1}^{n} k^3 = \frac{1}{4}(n+3)(n+2)(n+1)n - \frac{1}{2}(2n+1)(n+1)n - (n+1)n,$$

und wir brauchen die rechte Seite nur noch zu vereinfachen. Nach Ausklammerung des Faktors $\frac{1}{4}(n+1)n$ gelangen wir auf Grund der Zwischenrechnung

$$(n+3)(n+2) - 2(2n+1) - 4 = n^2 + n = (n+1)n$$

zu der *bemerkenswerten Formel*

$$\sum_{k=1}^{n} k^3 = \left(\frac{1}{2}(n+1)n\right)^2, \tag{4.7}$$

die vor allem durch einen Vergleich mit der Formel (2.1) von Interesse ist.

Die bei den letzten beiden Beispielen benutzte Methode läßt sich ebenfalls auf höhere Potenzen von k übertragen, allerdings werden dabei die erforderlichen Zwischenrechnungen immer umfangreicher.

Aufgaben. Man berechne für eine beliebige natürliche Zahl n

7. $\sum_{k=1}^{n} k! \cdot k$,

8. $\sum_{k=1}^{n} (-1)^k k^2$.

II. Anfangswertprobleme

Rekursionsformeln wie (3.7), d. h.

$$s_n = s_{n-1} + a_n,$$

haben die Besonderheit, daß die s_n durch die a_n nicht eindeutig bestimmt werden. Ausführlich geschrieben lautet diese Rekursionsformel für $n = 1$, $n = 2$, $n = 3$ usw.

$$s_1 = s_0 + a_1, \quad s_2 = s_1 + a_2, \quad s_3 = s_2 + a_3$$

usw. In die Gleichungen für s_n können wir von $n = 2$ an auf den rechten Seiten die zuvor berechneten Werte für s_{n-1} einsetzen, so daß wir

$$s_1 = s_0 + a_1,$$
$$s_2 = s_0 + a_1 + a_2,$$
$$s_3 = s_0 + a_1 + a_2 + a_3$$

usw. erhalten, d. h. wieder das alte Ergebnis (3.6). Der Wert für s_0 bleibt hier offen (und läßt sich auch dann nicht bestimmen, wenn die Rekursionsformel für $n \leqq 0$ ausgenutzt wird), man nennt ihn den *Anfangswert* und kann ihn bei der Auflösung der Rekursionsformel *beliebig vorschreiben*.

Im folgenden wollen wir uns mit der Auflösung von *Anfangswertproblemen*, d. h. mit der Auflösung von Rekursionsformeln bei vorgeschriebenem Anfangswert, befassen, wobei wir uns natürlich auf die allereinfachsten Typen von Rekursionsformeln beschränken. Anwendungen für die erarbeiteten Ergebnisse werden wir dann in den nächsten beiden Abschnitten kennenlernen.

§ 5. Rekursionsformeln erster Ordnung

Die zuvor betrachtete Rekursionsformel ist in abgeänderter Bezeichnungsweise ein Spezialfall der *allgemeinen linearen Rekursionsformel erster Ordnung*

$$y_n = a_n y_{n-1} + f_n, \tag{5.1}$$

da erstere aus (5.1) für $a_n = 1$ hervorgeht. Der Index n durchläuft hier wieder die natürlichen Zahlen, die Folgen a_n, f_n sind gegeben, und y_n ist nach Vorgabe des Anfangswertes y_0 gesucht. Für $f_n \equiv 0$ entsteht aus (5.1) der weitere Spezialfall

$$x_n = a_n x_{n-1}, \tag{5.2}$$

wenn wir die gesuchte Folge mit x_n bezeichnen. Im Fall $f_n \not\equiv 0$ heißt die Gleichung (5.1) eine *inhomogene Rekursionsformel*, und (5.2) heißt die zugehörige *homogene Rekursionsformel* oder auch homogene Gleichung.

Wir suchen zunächst die *Lösung der einfacheren homogenen Rekursionsformel* (5.2). Setzen wir schrittweise $n = 1, 2, 3$ ein und berücksichtigen wir ab $n = 2$ die vorhergehenden Ergebnisse, so finden wir aus (5.2)

$$x_1 = a_1 x_0, \quad x_2 = a_2 x_1 = a_2 a_1 x_0, \quad x_3 = a_3 x_2 = a_3 a_2 a_1 x_0.$$

Führt man dieses Verfahren weiter durch, so ergibt sich für die *Lösung von* (5.2) *die allgemeine Darstellung*

$$x_n = a_n a_{n-1} \cdots a_2 a_1 x_0. \tag{5.3}$$

Einige Spezialfälle dieser Darstellung sollen jetzt genauer betrachtet werden.

1^0. Wählen wir $x_0 = 0$, so wird $x_n \equiv 0$ für alle n. Diese Folge heißt die *triviale Lösung* der homogenen Gleichung (5.2).

2^0. Wählen wir $a_n = a$ von n unabhängig, so geht die Lösung (5.3) in

$$x_n = a^n x_0$$

über. Die Gleichung (5.2) ist in diesem Fall (bis auf die Bezeichnungsweise) nichts anderes als die Gleichung (1.4), und die Potenzen a^n sind die eindeutig bestimmten Lösungen dieser Rekursionsformel unter der Anfangsbedingung $a^0 = 1$.

3⁰. Wählen wir $a_n = n$ für alle n, so erhalten wir unter der Anfangsbedingung $x_0 = 1$ die bereits durch die Aufgabe 1 eingeführte Folge $x_n = n!$, gesprochen: n *Fakultät*. Diese Folge besitzt daher nach (5.3) die explizite Darstellung

$$n! = n(n-1)\cdots 3\cdot 2\cdot 1, \qquad (5.4)$$

und ihre ersten Werte lauten

$$1! = 1, \quad 2! = 2, \quad 3! = 6, \quad 4! = 24, \quad 5! = 120, \quad 6! = 720.$$

Wir wenden uns jetzt der *Lösung der inhomogenen Gleichung* (5.1) zu, wobei wir voraussetzen, daß alle Koeffizienten $a_n \neq 0$ sind (da andernfalls die Rekursionsformel entartet). Setzen wir schrittweise $n = 1, 2, 3, 4$ und berücksichtigen wir ab $n = 2$ wieder die vorhergehenden Ergebnisse, so finden wir

$$y_1 = a_1 y_0 + f_1,$$
$$y_2 = a_2 a_1 y_0 + a_2 f_1 + f_2,$$
$$y_3 = a_3 a_2 a_1 y_0 + a_3 a_2 f_1 + a_3 f_2 + f_3,$$
$$y_4 = a_4 a_3 a_2 a_1 y_0 + a_4 a_3 a_2 f_1 + a_4 a_3 f_2 + a_4 f_3 + f_4.$$

Aus diesen speziellen Werten kann man das allgemeine Bildungsgesetz für die gesuchte Lösung y_n erkennen. Wir können y_n aber auch direkt berechnen, indem wir den vorliegenden Fall auf bereits gelöste Spezialfälle zurückführen.

Um dies zu zeigen, ziehen wir die Lösung x_n der Gleichung (5.2) mit $x_0 = 1$ heran. Wegen $a_n \neq 0$ ist nach (5.3) auch $x_n \neq 0$ für alle n. Somit können wir die Gleichung (5.1) durch x_n dividieren und erhalten

$$\frac{y_n}{x_n} = \frac{a_n y_{n-1}}{x_n} + \frac{f_n}{x_n} = \frac{y_{n-1}}{x_{n-1}} + \frac{f_n}{x_n},$$

wenn wir die aus (5.2) hervorgehende Beziehung $x_n/a_n = x_{n-1}$ verwenden. Führen wir weiterhin die Bezeichnung $s_n = y_n/x_n$ ein, so nimmt diese Gleichung die Gestalt

$$s_n = s_{n-1} + \frac{f_n}{x_n},$$

d. h. die Gestalt (3.7) mit $a_n = f_n/x_n$, an. Nach (3.6) besitzt daher die Lösung $s_n = y_n/x_n$ die Darstellung

$$\frac{y_n}{x_n} = \frac{y_0}{x_0} + \sum_{k=1}^{n} \frac{f_k}{x_k},$$

und hieraus folgt nach Multiplikation mit x_n und Beachtung von $x_0 = 1$ die *Lösung von* (5.1)

$$y_n = x_n y_0 + x_n \sum_{k=1}^{n} \frac{f_k}{x_k}. \tag{5.5}$$

Wie man mit Hilfe von (5.3) leicht nachprüft, stimmt dieses Ergebnis für $n = 1, 2, 3, 4$ mit den zuvor berechneten Werten überein. Für $n = 0$ ist (5.5) wegen (3.2) eine Identität, so daß der Wert y_0 auf der rechten Seite willkürlich vorgeschrieben werden kann. Zusammenfassend stellen wir fest:

Existenz- und Eindeutigkeitssatz. *Die Rekursionsformel* (5.1) *mit* $a_n \neq 0$ *für alle n hat bei beliebig vorgegebenem Anfangswert* y_0 *die eindeutig bestimmte Lösung* (5.5), *wobei* x_n *durch* (5.3) *mit* $x_0 = 1$ *gegeben ist.*

Abschließend wollen wir auch in der Lösungsformel (5.5) einige *Spezialisierungen* vornehmen, wobei wir uns auf den Fall beschränken, daß $a_n = a$ von n unabhängig ist. Dann lautet nach dem vorhergehenden Beispiel 2⁰ die benötigte Lösung der zugehörigen homogenen Gleichung $x_n = a^n$, und wegen $a^n/a^k = a^{n-k}$ erhalten wir aus (5.5)

$$y_n = a^n y_0 + \sum_{k=1}^{n} a^{n-k} f_k. \tag{5.6}$$

4⁰. Wählen wir in (5.6) $f_k = b^k$ mit $b \neq a$, so erhalten wir wegen der aus (2.4) nach Ersetzung von a, q, n durch $a^{n-1}b$, b/a bzw. $n - 1$ hervorgehenden Beziehung

$$\sum_{k=1}^{n} a^{n-k} b^k = a^{n-1} b \frac{1 - (b/a)^n}{1 - b/a} = b \frac{a^n - b^n}{a - b}$$

für die Rekursionsformel

$$y_n = a y_{n-1} + b^n$$

bei vorgegebenem Anfangswert y_0 die *Lösung*

$$y_n = a^n y_0 + b \frac{a^n - b^n}{a - b}. \tag{5.7}$$

5⁰. Wählen wir in (5.6) dagegen $f_k = a^k$, so erhalten wir unter Beachtung der Übungsaufgabe 5 für die Rekursionsformel

$$y_n = a y_{n-1} + a^n$$

bei gegebenem y_0 die *Lösung*

$$y_n = (y_0 + n) a^n. \tag{5.8}$$

6^0. Wählen wir in (5.6) schließlich $f_k = b$ von k unabhängig, so folgt im Fall $a \neq 1$

$$\sum_{k=1}^{n} a^{n-k} b = \sum_{l=0}^{n-1} ba^l = b \frac{1 - a^n}{1 - a}$$

mit $l = n - k$ und daher für die Rekursionsformel

$$y_n = ay_{n-1} + b$$

bei gegebenem y_0 die *Lösung*

$$y_n = a^n y_0 + b \frac{1 - a^n}{1 - a}. \tag{5.9}$$

Die Richtigkeit dieser drei Ergebnisse läßt sich leicht auf direktem Wege verifizieren.

Aufgaben. Man löse folgende Anfangswertprobleme:

9. $y_n + y_{n-1} = 2^n$, $y_0 = 1$.

10. $y_n + y_{n-1} = n^2$, $y_0 = 0$.

§ 6. Rekursionsformeln zweiter Ordnung

Durch Verallgemeinerung von (5.1) gelangen wir zu den *linearen Rekursionsformeln zweiter Ordnung*, die wir in der Form

$$y_n + ay_{n-1} + by_{n-2} = f_n \tag{6.1}$$

schreiben. Im Fall $b = 0$ ergibt sich die bereits gelöste Gleichung (5.1) (wenn wir a_n durch $-a$ ersetzen), so daß wir im folgenden $b \neq 0$ voraussetzen. Der Einfachheit wegen nehmen wir zunächst an, daß die Koeffizienten a, b *konstant* sind, also nicht vom Index n abhängen. Die Gleichung (6.1) heißt auch eine *Differenzengleichung*. Genaugenommen wird sie erst dann zu einer *Rekursionsformel*, wenn man noch zwei Anfangswerte y_0 und y_{-1} vorgibt, die benötigt werden, um die Lösung y_n aus (6.1) für $n = 1, 2, 3, \ldots$ in eindeutiger Weise rekursiv berechnen zu können. Beispielsweise findet man für die ersten drei Werte nach kurzer Zwischenrechnung

$$y_1 = f_1 - ay_0 - by_{-1},$$
$$y_2 = f_2 - af_1 + (a^2 - b) y_0 + aby_{-1},$$
$$y_3 = f_3 - af_2 + (a^2 - b) f_1 - (a^3 - 2ab) y_0 - (a^2 b - b^2) y_{-1},$$

die formelmäßige Berechnung der folgenden Werte wird aber schon umständlicher.

Aus diesem Grunde wenden wir uns wie im vorhergehenden Paragraphen zunächst der zu (6.1) gehörenden *homogenen Gleichung*

$$x_n + ax_{n-1} + bx_{n-2} = 0 \qquad (6.2)$$

zu. Im Fall $b = 0$ wissen wir vom Beispiel 2^0 des vorhergehenden Paragraphen, daß $x_n = (-a)^n$ eine *spezielle Lösung* ist. Deshalb fragen wir uns, ob es auch im Fall $b \neq 0$ eine Lösung von (6.2) gibt, die als Potenz einer gewissen Zahl $\lambda \neq 0$ darstellbar ist. Wir machen also den *Lösungsansatz*

$$x_n = \lambda^n, \qquad (6.3)$$

wobei wir über λ noch geeignet zu verfügen haben. Durch Einsetzen von (6.3) in (6.2) entsteht

$$\lambda^n + a\lambda^{n-1} + b\lambda^{n-2} = 0,$$

und diese Gleichung muß für alle n erfüllt sein, damit (6.3) eine Lösung von (6.2) ist. Durch Ausklammerung von λ^{n-2} folgt

$$(\lambda^2 + a\lambda + b)\,\lambda^{n-2} = 0$$

und hieraus wegen $\lambda \neq 0$

$$\lambda^2 + a\lambda + b = 0. \qquad (6.4)$$

Die Gleichung (6.4) heißt die *charakteristische Gleichung* der Rekursionsformel (6.2). Sie ist eine quadratische Gleichung und hat daher die Lösungen

$$\lambda_1 = \frac{1}{2}\left(-a + \sqrt{a^2 - 4b}\right), \qquad \lambda_2 = \frac{1}{2}\left(-a - \sqrt{a^2 - 4b}\right), \qquad (6.5)$$

die *Wurzeln* der Gleichung genannt werden.

Im Fall $a^2 > 4b$ sind *beide Wurzeln reell und voneinander verschieden*, im Fall $a^2 = 4b$ sind die *Wurzeln gleich*, so daß es sich um eine Doppelwurzel handelt, während im Fall $a^2 < 4b$ zwei *konjugiert komplexe Wurzeln* vorliegen (Abb. 3). Wegen $b \neq 0$ kann keine Wurzel verschwinden.

Wollen wir Rechnungen mit komplexen Zahlen vermeiden, so interessieren uns nur die reellen Wurzeln der charakteristischen Gleichung, die für $a^2 \geqq 4b$ existieren, und uns für die homogene Gleichung (6.2) Lösungen vom *Potenztyp* (6.3) liefern. Im Fall $a^2 > 4b$ gibt es wegen $\lambda_1 \neq \lambda_2$ sogar *zwei verschiedene* Lösungen vom Potenztyp, nämlich die Lösungen

$$x_n = \lambda_1{}^n \quad \text{und} \quad x_n = \lambda_2{}^n \qquad (6.6)$$

mit (6.5), im Fall $a^2 = 4b$ gibt es *genau eine* Lösung vom Potenztyp, während es im Fall $a^2 < 4b$ *keine* solche reelle Lösung gibt.

Als *Beispiel* erhalten wir für die Rekursionsformel

$$x_n - 5x_{n-1} + 6x_{n-2} = 0$$

wegen $a = -5$, $b = 6$ aus (6.5) nach kurzer Rechnung $\lambda_1 = 3$, $\lambda_2 = 2$ und daher aus (6.6) die beiden Lösungen $x_n = 3^n$ sowie $x_n = 2^n$. Diese Folgen

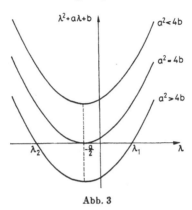

Abb. 3

kann man gleichzeitig als *Lösungen des zugehörigen Anfangswertproblems* mit den Anfangswerten $x_0 = 1$, $x_{-1} = 1/3$ bzw. $x_0 = 1$, $x_{-1} = 1/2$ auffassen. Wie man bei beliebigen Anfangswerten eine Lösung findet, werden wir im nächsten Paragraphen besprechen.

Zuvor wollen wir jedoch wieder zur *inhomogenen Gleichung* (6.1) zurückkehren und auch hier durch geeignete Ansätze spezielle Lösungen ermitteln. Dabei wollen wir uns auf zwei Fälle beschränken.

1^0. Zunächst betrachten wir in (6.1) den Fall $f_n = c^n$ mit $c \neq 0$, d. h. die Gleichung

$$y_n + ay_{n-1} + by_{n-2} = c^n. \tag{6.7}$$

Durch Abänderung von (6.3) versuchen wir, diese Gleichung durch den Ansatz

$$y_n = c^n z \tag{6.8}$$

mit demselben c wie in (6.7) zu lösen, wobei über z geeignet zu verfügen ist. Durch Einsetzen von (6.8) in (6.7) ergibt sich die Gleichung

$$c^n z + ac^{n-1} z + bc^{n-2} z = c^n,$$

die für alle n erfüllt sein muß. Kürzen wir aus dieser Gleichung c^{n-2} heraus, so tritt n in der Gleichung nicht mehr auf, und es bleibt nach Ausklammerung von z nur noch die Gleichung

$$(c^2 + ac + b) z = c^2$$

zu erfüllen. Diese Gleichung ist genau dann nach z auflösbar, wenn der Ausdruck in den Klammern nicht gleich Null ist, wenn also c nicht gleich einer Nullstelle λ_1, λ_2 der charakteristischen Gleichung (6.4) ist. Ist diese Bedingung erfüllt, so erhalten wir sofort

$$z = \frac{c^2}{c^2 + ac + b}$$

und daher aus dem Ansatz (6.8) die *Lösung*

$$y_n = \frac{c^{n+2}}{c^2 + ac + b} \tag{6.9}$$

der Rekursionsformel (6.7). Insbesondere entsteht im Fall $c = 1$ die *konstante Lösung*

$$y_n = \frac{1}{1 + a + b} \tag{6.10}$$

von (6.7), falls $1 + a + b \neq 0$ ist.

2°. Wir wenden uns jetzt dem Fall zu, daß die rechte Seite f_n der Gleichung (6.1) ein *Polynom* in n ist, und fragen uns, ob diese Gleichung dann auch eine *Polynomlösung* besitzt. Um die Zwischenrechnungen übersichtlich zu gestalten, begnügen wir uns dabei mit einem speziellen *Beispiel*. Der Fall, daß f_n eine Konstante ist, wurde im wesentlichen bereits durch die Herleitung der Lösung (6.10) erledigt, somit befassen wir uns mit dem nächsteinfachen Fall $f_n = n$, d. h. mit der Gleichung

$$y_n + ay_{n-1} + by_{n-2} = n. \tag{6.11}$$

Wir machen den *Ansatz*

$$y_n = z_1 n + z_2 \tag{6.12}$$

und versuchen, die Konstanten z_1 und z_2 nach Einsetzen in (6.11) aus

$$z_1 n + z_2 + a(z_1 n - z_1 + z_2) + b(z_1 n - 2z_1 + z_2) = n$$

so zu bestimmen, daß diese Gleichung für alle n erfüllt ist. Zu diesem Zweck wenden wir die Methode des *Koeffizientenvergleichs* an, d. h., wir ordnen die Gleichung nach Potenzen von n und schreiben sie in der Form

$$[(1 + a + b) z_1 - 1] n + [(1 + a + b) z_2 - (a + 2b) z_1] = 0.$$

Diese Gleichung kann aber nur dann für alle n gelten, wenn die in den eckigen Klammern stehenden Ausdrücke beide verschwinden, wenn also

$$(1 + a + b)\, z_1 = 1, \qquad (1 + a + b)\, z_2 = (a + 2b)\, z_1$$

ist. Im Fall $1 + a + b \neq 0$ folgt hieraus sofort

$$z_1 = \frac{1}{1 + a + b}, \qquad z_2 = \frac{a + 2b}{(1 + a + b)^2}$$

und damit aus (6.12) die *Lösung von* (6.11)

$$y_n = \frac{n}{1 + a + b} + \frac{a + 2b}{(1 + a + b)^2}. \tag{6.13}$$

Bei allen vorhergehenden Beispielen kann man sich durch eine Probe davon überzeugen, daß man unter den gemachten Voraussetzungen wirklich eine Lösung erhalten hat.

Aufgaben. Man bestimme alle in n (höchstens) quadratischen Lösungen der Gleichungen

11. $y_n - 2y_{n-1} + y_{n-2} = 1$,

12. $y_n - y_{n-2} = n$.

§ 7. Überlagerung von Lösungen

Im vorhergehenden Paragraphen haben wir nur spezielle Lösungen der Gleichungen (6.1) und (6.2) ermittelt. Jetzt wollen wir uns der Frage zuwenden, ob es außer diesen Lösungen noch weitere gibt, wobei wir uns sogleich auf die allgemeinere Differenzengleichung

$$y_n + a_n y_{n-1} + b_n y_{n-2} = f_n \tag{7.1}$$

mit beliebigen *variablen Koeffizienten* a_n, b_n und der zugehörigen homogenen Gleichung

$$x_n + a_n x_{n-1} + b_n x_{n-2} = 0 \tag{7.2}$$

beziehen werden.

Überlagerungssatz. 1^0. *Ist $y_n{}^*$ eine Lösung von* (7.1) *und x_n eine Lösung von* (7.2), *so ist auch $y_n{}^* + x_n$ eine Lösung von* (7.1).

2^0. *Sind $x_n{}'$ und $x_n{}''$ Lösungen von* (7.2), *so ist auch $c_1 x_n{}' + c_2 x_n{}''$ für beliebige Konstanten c_1, c_2 eine Lösung von* (7.2).

Beweis. 1^0. Es sei $y_n{}^*$ eine Lösung von (7.1), d. h. also

$$y_n{}^* + a_n y_{n-1}^* + b_n y_{n-2}^* = f_n.$$

Addieren wir hierzu die Gleichung (7.2), so folgt nach Zusammenfassung entsprechender Glieder

$$(y_n{}^* + x_n) + a_n(y_{n-1}^* + x_{n-1}) + b_n(y_{n-2}^* + x_{n-2}) = f_n,$$

d. h., $y_n = y_n{}^* + x_n$ ist ebenfalls eine Lösung von (7.1).

2⁰. Es seien $x_n{}'$ und $x_n{}''$ Lösungen von (7.2), so daß also

$$x_n{}' + a_n x_{n-1}' + b_n x_{n-2}' = 0,$$

$$x_n{}'' + a_n x_{n-1}'' + b_n x_{n-2}'' = 0$$

gilt. Multiplizieren wir die erste Gleichung mit c_1 und die zweite mit c_2, so folgt durch Addition der beiden entstehenden Gleichungen nach Zusammenfassung entsprechender Glieder

$$(c_1 x_n{}' + c_2 x_n{}'') + a_n(c_1 x_{n-1}' + c_2 x_{n-1}'') + b_n(c_1 x_{n-2}' + c_2 x_{n-2}'') = 0,$$

d. h., $x_n = c_1 x_n{}' + c_2 x_n{}''$ ist ebenfalls eine Lösung von (7.2).

Aus dem Überlagerungssatz ergeben sich sofort die

Folgerungen: 3⁰. *Unter den Voraussetzungen des Überlagerungssatzes ist*

$$y_n = y_n{}^* + c_1 x_n{}' + c_2 x_n{}'' \tag{7.3}$$

stets eine Lösung der inhomogenen Gleichung (7.1).

4⁰. *Ist x_n eine Lösung von (7.2) und c eine beliebige Konstante, so ist $c x_n$ ebenfalls eine Lösung der homogenen Gleichung (7.2).*

Zum *Beweis* von 3⁰ braucht man nur 1⁰ mit 2⁰ zu kombinieren, zum *Beweis* von 4⁰ braucht man in 2⁰ nur $x_n{}' = x_n{}'' = x_n$, $c_1 = c$ und $c_2 = 0$ zu wählen. Wählt man auch noch $c = 0$, so erhält man die triviale Lösung der homogenen Gleichung.

Die Bedeutung der vorhergehenden Aussagen besteht darin, daß sich mit ihrer Hilfe aus speziellen Lösungen, wie wir sie im vorhergehenden Paragraphen ermittelt haben, *stets weitere Lösungen konstruieren lassen.* Wie der nächste Satz zeigen wird, kann man auf diesem Wege sogar *alle Lösungen* finden.

Eindeutigkeitssatz. *Unter den Voraussetzungen des Überlagerungssatzes und der Zusatzvoraussetzung*

$$x_0{}' x_{-1}'' - x_{-1}' x_0{}'' \neq 0 \tag{7.4}$$

für die Anfangswerte der Lösungen $x_n{}'$, $x_n{}''$ von (7.2) läßt sich jede Lösung y_n von (7.1) eindeutig in der Form (7.3) darstellen.

Beweis. Jede Lösung y_n von (7.1) ist durch diese Gleichung und ihre Anfangswerte y_0, y_{-1} eindeutig bestimmt, denn man kann die Werte y_n für $n = 1, 2, 3, \ldots$ rekursiv berechnen. Der Satz ist daher bewiesen, wenn wir zeigen, daß es zu beliebig vorgegebenen Anfangswerten y_0, y_{-1} unter den Lösungen der Form (7.3) genau eine spezielle Lösung mit denselben Anfangswerten gibt, wenn sich also in (7.3) die Konstanten c_1, c_2 in eindeutiger Weise so bestimmen lassen, daß

$$y_0^* + c_1 x_0' + c_2 x_0'' = y_0, \qquad y_{-1}^* + c_1 x_{-1}' + c_2 x_{-1}'' = y_{-1}$$

gilt. Dies ist ein System von zwei Gleichungen mit zwei Unbekannten, aus dem nach der Gaußschen Eliminationsmethode (vgl. § 11)

$$\left. \begin{aligned}
c_1 &= \frac{(y_0 - y_0^*)\, x_{-1}'' - (y_{-1} - y_{-1}^*)\, x_0''}{x_0' x_{-1}'' - x_{-1}' x_0''}, \\[2mm]
c_2 &= \frac{(y_{-1} - y_{-1}^*)\, x_0' - (y_0 - y_0^*)\, x_{-1}'}{x_0' x_{-1}'' - x_{-1}' x_0''}
\end{aligned} \right\} \tag{7.5}$$

hervorgeht, da die Nenner wegen (7.4) nicht verschwinden. Damit ist die Behauptung bewiesen.

Unter den Voraussetzungen des Eindeutigkeitssatzes heißt der Lösungsausdruck (7.3) mit den beiden willkürlichen Konstanten c_1, c_2 die *allgemeine Lösung* der Gleichung (7.1). Die Frage, ob sich die Voraussetzung (7.4) stets erfüllen läßt, beantwortet der folgende

Existenzsatz. *Es gibt stets eine Normalform der allgemeinen Lösung* (7.3), *bei der die dort auftretenden Folgen die Anfangswerte*

$$y_0^* = y_{-1}^* = 0; \quad x_0' = 1, \ x_{-1}' = 0; \quad x_0'' = 0, \ x_{-1}'' = 1 \tag{7.6}$$

besitzen und bei der die Lösung des zu (7.1) *gehörenden Anfangswertproblems mit beliebig vorgegebenen Anfangswerten* y_0, y_{-1}

$$y_n = y_n^* + y_0 x_n' + y_{-1} x_n'' \tag{7.7}$$

lautet.

Beweis. Wie wir bereits wissen, gibt es zu beliebig vorgegebenen Anfangswerten mit $n = 0$ und $n = -1$ genau eine Lösung der Rekursionsformel zweiter Ordnung (7.1), und dies trifft natürlich auch auf den Spezialfall der homogenen Gleichung (7.2) zu. Folglich existieren die Lösungen mit den Anfangswerten (7.6). Setzen wir diese Werte in die linke Seite von (7.4) ein, so erhalten wir $1 \cdot 1 - 0 \cdot 0 = 1$, und die Bedingung (7.4) ist erfüllt. Setzen wir die Werte (7.6) in (7.5) ein, so erhalten wir $c_1 = y_0$, $c_2 = y_{-1}$, und (7.3) geht in (7.7) über, was zu beweisen war.

Übrigens kann man sich auf Grund der Bedingungen (7.6) auch leicht
direkt davon überzeugen, daß die Gleichung (7.7) für $n = 0$ und $n = -1$
(äußerlich) eine Identität ist.

Wie bereits angedeutet wurde, gelten die vorhergehenden Aussagen nicht
nur für die inhomogene Gleichung (7.1), sondern auch für die zugehörige
homogene Gleichung (7.2), da letztere ein Spezialfall von (7.1) mit $f_n \equiv 0$
ist. Die spezielle Lösung y_n^* mit verschwindenden Anfangswerten ist dann
einfach die triviale Lösung. Damit erhalten wir zusammenfassend den

Struktursatz. 5^0. *Die allgemeine Lösung der homogenen Gleichung* (7.2) *hat
die Gestalt*

$$x_n = c_1 x_n' + c_2 x_n'', \tag{7.8}$$

wobei x_n' *und* x_n'' *zwei spezielle Lösungen dieser Gleichung mit* (7.4) *sind.*

6^0. *Die allgemeine Lösung der inhomogenen Gleichung* (7.1) *setzt sich aus
einer beliebigen speziellen Lösung* y_n^* *dieser Gleichung und der allgemeinen
Lösung* (7.8) *der zugehörigen homogenen Gleichung additiv zusammen* (vgl. 1^0).

Als erste *Anwendung* der vorhergehenden Ergebnisse können wir jetzt
feststellen, daß für beliebige Konstanten c_1, c_2 neben (6.6) auch

$$x_n = c_1 \lambda_1^n + c_2 \lambda_2^n \tag{7.9}$$

Lösung von (6.2) und neben (6.9) auch

$$y_n = \frac{c^{n+2}}{c^2 + ac + b} + c_1 \lambda_1^n + c_2 \lambda_2^n \tag{7.10}$$

Lösung von (6.7) ist. Im Fall $a^2 > 4b$ handelt es sich in beiden Fällen sogar
um die *allgemeine Lösung*, da dann $\lambda_1 \neq \lambda_2$ ist und somit für $x_n' = \lambda_1^n$,
$x_n'' = \lambda_2^n$ die Ungleichung (7.4) wegen $\lambda_2^{-1} - \lambda_1^{-1} = (\lambda_1 - \lambda_2)/\lambda_1\lambda_2 \neq 0$ erfüllt ist.

Im Fall $a^2 = 4b \; (\neq 0)$ haben wir wegen $\lambda_1 = \lambda_2 = -a/2$ (vgl. (6.5))
durch (6.6) nur eine einzige Lösung $x_n' = (-a/2)^n$ der Gleichung (6.2) bestimmt, die jetzt

$$x_n + ax_{n-1} + \frac{a^2}{4} x_{n-2} = 0 \tag{7.11}$$

lautet. Durch eine einfache Rechnung kann man sich aber davon überzeugen, daß $x_n'' = n(-a/2)^n$ eine zweite Lösung dieser Gleichung ist, die
wegen $x_0' = 1$, $x_{-1}'' = 2/a$, $x_0'' = 0$ zugleich die Bedingung (7.4) erfüllt.
Folglich ist

$$x_n = (c_1 + c_2 n)\left(-\frac{a}{2}\right)^n \tag{7.12}$$

die *allgemeine Lösung der Gleichung* (7.11) (vgl. § 27).

Aufgaben. 13. Man beweise: Hat die rechte Seite der Gleichung (7.1) die Form $f_n = c_1 f_n' + c_2 f_n''$ und sind y_n', y_n'' Lösungen von (7.1), wenn man als rechte Seite f_n' bzw. f_n'' wählt, so ist $y_n = c_1 y_n' + c_2 y_n''$ mit den vorhergehenden Konstanten c_1, c_2 eine Lösung von (7.1).

14. Für die homogene Gleichung

$$x_n - \left(c + \frac{1}{c}\right) x_{n-1} + x_{n-2} = 0$$

mit $c \neq 0$ bestimme man die Lösungen x_n', x_n'' in der durch (7.6) festgelegten Normalform.

§ 8. Schwingende Lösungen

Nach der Erledigung des Falls $a^2 \geq 4b$ bei der homogenen Rekursionsformel zweiter Ordnung (6.2), d. h. der Gleichung

$$x_n + a x_{n-1} + b x_{n-2} = 0 \qquad (8.1)$$

mit konstanten Koeffizienten a, b (und $b \neq 0$), wenden wir uns jetzt dem Fall $a^2 < 4b$ zu, ohne die dann nicht mehr reellen Wurzeln (6.5) der zugehörigen charakteristischen Gleichung zu verwenden. Dabei gehen wir in drei Etappen vor.

1^0. Ein einfaches *Beispiel* für diesen Fall ist die Gleichung

$$x_n = -x_{n-2}, \qquad (8.2)$$

die aus (8.1) für $a = 0$, $b = 1$ entsteht. Ersetzen wir hier n durch $n - 2$, so folgt $x_{n-2} = -x_{n-4}$ und nach Einsetzen in (8.2)

$$x_n = x_{n-4}.$$

Diese Gleichung besagt, daß jede Lösung von (8.2) eine *periodische Folge* mit der Periode 4 ist. Insbesondere besitzt die Lösungsfolge x_n' mit den Anfangswerten $x_0' = 1$, $x_{-1}' = 0$ für $n \geq 1$ die Glieder

$$0, -1, 0, 1, 0, -1, 0, 1, 0, \ldots,$$

und die Lösungsfolge x_n'' mit den Anfangswerten $x_0'' = 0$, $x_{-1}'' = -1$ besitzt für $n \geq 1$ die Glieder

$$1, 0, -1, 0, 1, 0, -1, 0, 1, \ldots$$

Beide Lösungen lassen sich mit Hilfe *trigonometrischer Funktionen* in der geschlossenen Form

$$x_n' = \cos \frac{n\pi}{2}, \qquad x_n'' = \sin \frac{n\pi}{2}$$

darstellen (Abb. 4a). Da es sich bei diesen Lösungen bis auf das Vorzeichen im zweiten Fall um die Normalformen mit (7.6) handelt und $y_n{}^*$ bei einer homogenen Gleichung die triviale Lösung ist, lautet die *allgemeine Lösung der Gleichung* (8.2) nach (7.7)

$$x_n = x_0 \cos \frac{n\pi}{2} - x_{-1} \sin \frac{n\pi}{2}, \tag{8.3}$$

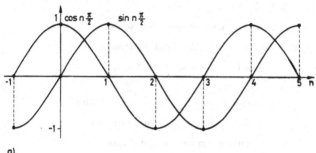

a)

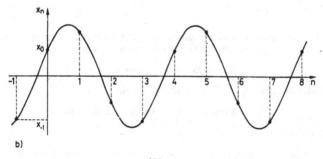

b)

Abb. 4

wobei die Anfangswerte x_0, x_{-1} auf der rechten Seite beliebig vorgegeben werden können (Abb. 4b).

2^0. Das einleitende Beispiel legt uns die Frage nahe, ob die Koeffizienten a, b der Gleichung (8.1) so gewählt werden können, daß

$$x_n{}' = \cos \omega n, \qquad x_n{}'' = \sin \omega n$$

mit einer beliebig vorgegebenen Zahl ω Lösungen dieser Gleichung sind. Damit die Bedingung (7.4) erfüllt ist, haben wir wegen $x_0{}'x_{-1}{}'' - x_{-1}{}'x_0{}''$ $= -\sin \omega$ vorauszusetzen, daß

$$\sin \omega \neq 0 \qquad (8.4)$$

ist, also $\omega \neq k\pi$, wobei k eine ganze Zahl ist (andernfalls wäre $x_n{}''$ die triviale Lösung).

Setzen wir in (8.1) für x_n die Folge $\cos \omega n$ ein, so erhalten wir für a und b die Bestimmungsgleichung

$$\cos \omega n + a \cos \omega(n-1) + b \cos \omega(n-2) = 0.$$

Nach zweimaliger Anwendung des *Additionstheorems*

$$\cos (\alpha - \beta) = \cos \alpha \cos \beta + \sin \alpha \sin \beta$$

folgt

$$\cos \omega n + a(\cos \omega n \cos \omega + \sin \omega n \sin \omega)$$

$$+ b(\cos \omega n \cos 2\omega + \sin \omega n \sin 2\omega) = 0$$

und nach Ausklammerung von $\cos \omega n$ und $\sin \omega n$

$$(1 + a \cos \omega + b \cos 2\omega) \cos \omega n$$

$$+ (a \sin \omega + b \sin 2\omega) \sin \omega n = 0.$$

Diese Gleichung kann aber nur dann für alle n bestehen, wenn die Koeffizienten von $\cos \omega n$ und $\sin \omega n$ beide verschwinden, wenn also

$$1 + a \cos \omega + b \cos 2\omega = 0, \quad a \sin \omega + b \sin 2\omega = 0$$

gilt. Unter Beachtung der *Verdoppelungsformeln*

$$\cos 2\omega = 2 \cos^2 \omega - 1, \quad \sin 2\omega = 2 \sin \omega \cos \omega$$

ergibt sich hieraus

$$1 + (a + 2b \cos \omega) \cos \omega - b = 0, \quad (a + 2b \cos \omega) \sin \omega = 0.$$

Wegen (8.4) folgt aus der zweiten Gleichung $a = -2b \cos \omega$ und daher aus der ersten $b = 1$, d. h.

$$a = -2 \cos \omega, \qquad b = 1. \qquad (8.5)$$

Eine ganz analoge Berechnung zeigt, daß die Gleichung (8.1) mit den Koeffizienten (8.5), d. h. die Gleichung

$$x_n - 2 \cos \omega x_{n-1} + x_{n-2} = 0, \qquad (8.6)$$

auch $x_n = \sin \omega n$ als Lösung hat, so daß diese Gleichung unter der Voraussetzung (8.4) nach dem Struktursatz von § 7 die *allgemeine Lösung*

$$x_n = c_1 \cos \omega n + c_2 \sin \omega n \qquad (8.7)$$

besitzt. Diese Lösung ist genau dann *periodisch*, wenn ω wie in (8.3) zu π in einem rationalen Verhältnis steht. Für die Koeffizienten (8.5) gilt wegen (8.4)

$$a^2 - 4b = 4 \cos^2 \omega - 4 = -4 \sin^2 \omega < 0,$$

so daß die Gleichung (8.6) ein allgemeineres Beispiel als (8.2) zum Fall $a^2 < 4b$ ist.

$3^0.$ Es bleibt jetzt nur noch die Lösung der Gleichung (8.1) im Fall $a^2 < 4b$ mit $b \neq 1$ zu bestimmen. Wie wir sogleich sehen werden, läßt sich aber dieser Fall auf den vorhergehenden mit $b = 1$ zurückführen. Aus $a^2 < 4b$ folgt $b > 0$, so daß wir in (8.1) die Substitution $x_n = \sqrt{b}^n z_n$ durchführen können. Diese liefert uns für z_n die Gleichung

$$\sqrt{b}^n z_n + a \sqrt{b}^{n-1} z_{n-1} + \sqrt{b}^n z_{n-2} = 0$$

oder, wenn wir den positiven Faktor $\sqrt{b}^n$ kürzen,

$$z_n + \frac{a}{\sqrt{b}} z_{n-1} + z_{n-2} = 0. \qquad (8.8)$$

Wegen $a^2 < 4b$ ist $|a|/2\sqrt{b} < 1$, so daß die Gleichung

$$\cos \omega = -\frac{a}{2\sqrt{b}} \qquad (8.9)$$

stets eine Lösung ω mit (8.4) besitzt. Damit hat die Gleichung (8.8) die Form (8.6), und aus (8.7) erhalten wir die allgemeine Lösung von (8.8) in der Form

$$z_n = c_1 \cos \omega n + c_2 \sin \omega n.$$

Machen wir jetzt die vorhergehende Substitution wieder rückgängig, so sehen wir, daß die Gleichung (8.1) unter der Voraussetzung $a^2 < 4b$ stets die *allgemeine Lösung*

$$x_n = \sqrt{b}^n (c_1 \cos \omega n + c_2 \sin \omega n) \qquad (8.10)$$

besitzt, wobei ω aus (8.9) zu bestimmen ist. Diese Lösungen stellen stets einen *Schwingungsvorgang* dar, der für $b < 1$ *gedämpft*, für $b = 1$ *ungedämpft, aber beschränkt* und für $b > 1$ *aufschaukelnd* ist (Abb. 5).

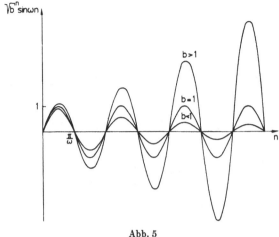

Abb. 5

Aufgaben. 15. Für die homogene Gleichung (8.1) mit $a^2 < 4b$ bestimme man die Lösungen $x_n{}'$, $x_n{}''$ in der durch (7.6) festgelegten Normalform.

16. Man beweise: Ist x_n eine Lösung der Rekursionsformel zweiter Ordnung $x_n + bx_{n-2} = 0$ mit $b > 0$, so sind $z_n{}' = x_{2n+1}$ und $z_n{}'' = x_{2n}$ Lösungen der Rekursionsformel erster Ordnung $z_n + bz_{n-1} = 0$.

III. Iterationsverfahren

Unter einem *Fixpunkt* einer gegebenen Funktion g versteht man eine Zahl x, die durch diese Funktion auf sich selbst abgebildet wird, die also der Gleichung

$$x = g(x)$$

genügt. Geometrisch gesehen ist x ein Schnittpunkt der Kurve $y = g(t)$ mit der Geraden $y = t$ (Abb. 6). Bei komplizierteren Funktionen g ist es nicht möglich, die Fixpunkte durch explizite Formeln zu berechnen. Die Numerische Mathematik hat jedoch *Näherungsverfahren* entwickelt, mit deren Hilfe sich gesuchte Zahlen mit beliebiger Genauigkeit approximieren lassen. Dies scheint zunächst ein Notbehelf zu sein, aber in praktischen Anwendungen benötigt man niemals „exakte" Werte, sondern immer nur Werte im Rahmen zugelassener Toleranzen.

Besonders einfach sind *Iterationsverfahren* in ihrer Handhabung. Sie sind schon lange im Gebrauch und auch im Rahmen der modernen Rechentechnik unentbehrlich. Dabei geht man von einem weitgehend beliebig gewählten *Startwert* x_0 als Ausgangsnäherung für den gesuchten Fixpunkt x aus und

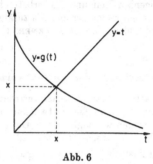

Abb. 6

berechnet sich mit Hilfe der (im allgemeinen nichtlinearen) *Rekursionsformel erster Ordnung*

$$x_n = g(x_{n-1})$$

für $n = 1, 2, 3, \ldots$ weitere Werte x_n, die man die *Iterierten* von x_0 nennt. Wird der Abstand zwischen den Iterierten und dem Fixpunkt mit wachsendem n immer kleiner, so iteriert man so lange, bis die vorgeschriebene Genauigkeit erreicht ist. Solche Iterationsverfahren heißen auch *Verfahren der schrittweisen Annäherung* oder *Verfahren der sukzessiven Approximation*. Sie haben die überaus angenehme Eigenschaft, daß sie *selbstkorrigierend* sind, d. h. die laufenden kleinen Rundungsfehler und sogar einen größeren Rechenfehler im weiteren Verlauf der Iteration ausgleichen, da der verrechnete Wert als neuer Startwert der nachfolgenden Iterierten aufgefaßt werden kann.

Als einleitendes *Beispiel* hierzu betrachten wir die einfache *Fixpunktgleichung*

$$x = 0{,}1x + 0{,}3,$$

aus der durch Umstellung $0{,}9x = 0{,}3$ folgt, so daß die *Lösung* $x = 1/3$ lautet. Aus der zugehörigen *Iterationsvorschrift*

$$x_n = 0{,}1x_{n-1} + 0{,}3$$

findet man für $n = 1, 2, 3, \ldots$, wenn man als *Startwert* der Iteration $x_0 = 0$ wählt, die Iterierten

$$x_1 = 0{,}3, \quad x_2 = 0{,}33, \quad x_3 = 0{,}333, \ldots,$$

und diese sind gerade die endlichen Dezimalbruchnäherungen für den unendlichen Dezimalbruch des Fixpunktes 1/3. Offenbar gibt es zu jeder vorgeschriebenen Genauigkeit ein Glied der Iterationsfolge, das den Fixpunkt 1/3 mit dieser Genauigkeit annähert.

Weitere Beispiele, Eigenschaften und Fehlerbetrachtungen werden wir in den nächsten Paragraphen kennenlernen. Als zusätzliche Literatur wird N. J. WILENKIN [13] empfohlen sowie H. BELKNER [1].

§ 9. Berechnung von Quadratwurzeln

Um den Leser mit Iterationsverfahren näher vertraut zu machen, soll als nächstes gezeigt werden, wie man Quadratwurzeln auf iterativem Wege berechnen kann. Dabei werden wir zugleich eine Gelegenheit haben, Ergebnisse aus dem vorhergehenden Abschnitt anzuwenden.

Die *Quadratwurzel* aus 2 ist die positive Lösung $x = \sqrt{2}$ der Gleichung

$$x^2 = 2. \tag{9.1}$$

Wollen wir $\sqrt{2}$ iterativ berechnen, so müssen wir diese Gleichung zunächst auf die Form einer Fixpunktgleichung, also auf die Form $x = g(x)$ mit passender Funktion g bringen, was auf mannigfache Art möglich ist. Beispielsweise können wir eine beliebige Zahl a wählen, auf beiden Seiten von (9.1) den Summanden ax addieren, wodurch

$$x^2 + ax = ax + 2$$

entsteht, und anschließend durch $x + a$ dividieren. Dann erhalten wir für $\sqrt{2}$ die *Fixpunktgleichung*

$$x = \frac{ax + 2}{x + a}, \tag{9.2}$$

bei der es sich wegen der Willkürlichkeit von a genaugenommen um unendlich viele Gleichungen handelt. Die Gleichung (9.2) heißt eine *iterationsfähige Umformung* von (9.1), wobei die zugehörige *Iterationsvorschrift*

$$x_n = \frac{ax_{n-1} + 2}{x_{n-1} + a} \tag{9.3}$$

lautet. Hieraus finden wir, wenn wir etwa $a = 1$ und $x_0 = 1$ wählen,

$$x_1 = \frac{3}{2}, \quad x_2 = \frac{7}{5}, \quad x_3 = \frac{17}{12}, \quad x_4 = \frac{41}{29}, \quad x_5 = \frac{99}{70},$$

oder in Dezimalbruchannäherung mit acht Ziffern

$$x_1 = 1,5, \quad x_2 = 1,4, \quad x_3 = 1,4166666, \quad x_4 = 1,4137931, \quad x_5 = 1,4142857,$$

wobei die ersten vier Dezimalen von x_5 bereits mit den entsprechenden Dezimalen von $\sqrt{2} = 1,4142135\ldots$ übereinstimmen.

Um die Abhängigkeit der Iterierten x_n von a und x_0 zu studieren, wollen wir anschließend die Gleichung (9.3) explizit auflösen. Zu diesem Zweck machen wir den Ansatz $x_n = y_n/z_n$, durch den (9.3) in

$$\frac{y_n}{z_n} = \frac{ay_{n-1} + 2z_{n-1}}{y_{n-1} + az_{n-1}}$$

übergeht. Diese Gleichung ist sicher erfüllt, wenn Zähler und Nenner auf beiden Seiten übereinstimmen, wenn also

$$y_n = ay_{n-1} + 2z_{n-1}, \quad z_n = y_{n-1} + az_{n-1} \tag{9.4}$$

gilt. Dies sind zwei Gleichungen mit zwei unbekannten Folgen, aus denen wir eine der beiden Folgen eliminieren können. Eliminieren wir zunächst die Glieder z_{n-1}, so erhalten wir (vgl. § 11)

$$2z_n = ay_n + (2 - a^2)\, y_{n-1}$$

oder nach einer Indexverschiebung

$$2z_{n-1} = ay_{n-1} + (2 - a^2)\, y_{n-2}.$$

Setzen wir diesen Ausdruck in die erste der Gleichungen (9.4) ein, so entsteht für y_n die Rekursionsformel zweiter Ordnung

$$y_n = 2ay_{n-1} + (2 - a^2)\, y_{n-2}, \tag{9.5}$$

wobei wir die Fälle $a = \pm\sqrt{2}$ ausschließen. Die zugehörige charakteristische Gleichung (6.4) lautet

$$\lambda^2 - 2a\lambda + (a^2 - 2) = 0.$$

Sie hat die beiden Lösungen

$$\lambda_{1,2} = a \pm \sqrt{2},$$

so daß wir durch Einsetzen dieser Werte in (7.9) als Zwischenergebnis die allgemeine Lösung von (9.5)

$$y_n = c_1 (a + \sqrt{2})^n + c_2 (a - \sqrt{2})^n \tag{9.6}$$

erhalten. Wegen der aus der ersten Gleichung von (9.4) nach Indexverschiebung und Umstellung hervorgehenden Gleichung

$$z_n = \frac{1}{2}\left(y_{n+1} - a y_n\right)$$

ergibt sich durch Einsetzen von (9.6)

$$z_n = \frac{1}{\sqrt{2}}\left[c_1\left(a + \sqrt{2}\right)^n - c_2\left(a - \sqrt{2}\right)^n\right].$$

Im Fall $z_n \neq 0$ für alle n erhalten wir für die Lösung $x_n = y_n/z_n$ der Rekursionsformel (9.3) die Darstellung

$$x_n = \sqrt{2}\,\frac{c_1\left(a + \sqrt{2}\right)^n + c_2\left(a - \sqrt{2}\right)^n}{c_1\left(a + \sqrt{2}\right)^n - c_2\left(a - \sqrt{2}\right)^n}$$

oder nach Kürzung von $c_1\left(a + \sqrt{2}\right)^n$

$$x_n = \sqrt{2}\,\frac{1 + c b^n}{1 - c b^n} = \sqrt{2} + \frac{2\sqrt{2}\,c b^n}{1 - c b^n} \tag{9.7}$$

mit

$$b = \frac{a - \sqrt{2}}{a + \sqrt{2}} = 1 - \frac{2\sqrt{2}}{a + \sqrt{2}}, \quad c = \frac{c_2}{c_1}. \tag{9.8}$$

Während b durch die Koeffizienten der Rekursionsformel (9.3) festgelegt ist, hängt die Konstante c mit dem Anfangswert $x_0 \neq \sqrt{2}$ durch

$$x_0 = \sqrt{2}\,\frac{1 + c}{1 - c} \quad \text{bzw.} \quad c = \frac{x_0 - \sqrt{2}}{x_0 + \sqrt{2}}$$

zusammen. Wie man nachprüfen kann, ergeben sich im Fall $a = x_0 = 1$ und damit $c = b$ aus (9.7) für $n = 1, 2, 3, 4, 5$ wieder die weiter oben schon berechneten *rationalen Näherungswerte* für die Irrationalzahl $\sqrt{2}$.

Aus der expliziten Darstellung (9.7) für die Iterierten x_n ist ersichtlich, daß letztere sich genau dann *mit wachsendem n dem Fixpunkt $\sqrt{2}$ nähern*, *wenn $|b| < 1$ ist* (vgl. Abb. 2), also wegen (9.8) $a > 0$ ist (vgl. Abb. 7). Die Annäherung an $\sqrt{2}$ erfolgt bei gleichem Startwert x_0 um so schneller, je kleiner b ist, je näher a also bei $\sqrt{2}$ liegt. Für $a < 0$, also $|b| > 1$ (vgl. Abb. 7), kann man sich überlegen, daß die Iterierten x_n dann den *zweiten Fixpunkt* $x = -\sqrt{2}$ von (9.2) approximieren.

Zum Schluß wollen wir noch eine weitere iterationsfähige Umformung von (9.1) aufstellen, wobei wir uns sogar auf die allgemeinere Gleichung

$$x^2 = a \tag{9.9}$$

mit $a > 0$ beziehen, durch die $x = \sqrt{a}$ als positive Lösung bestimmt ist. Dividieren wir (9.9) durch $2x$, so folgt $x/2 = a/2x$, und addieren wir jetzt

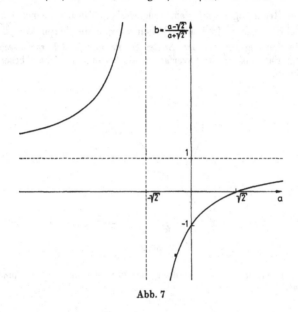

Abb. 7

auf beiden Seiten $x/2$, so entsteht die Fixpunktgleichung

$$x = \frac{x}{2} + \frac{a}{2x} \tag{9.10}$$

(vgl. Abb. 8), zu der die Iterationsvorschrift

$$x_n = \frac{x_{n-1}}{2} + \frac{a}{2x_{n-1}} \tag{9.11}$$

gehört. Bei achtstelliger Rechnung findet man, vom Startwert $x_0 = 1$ ausgehend, für die ersten fünf Iterierten im Fall $a = 2$ bzw. $a = 9$

	$a = 2$	$a = 9$
x_1	2	5
x_2	1,5	3,4
x_3	1,4166666	3,0235294
x_4	1,4142156	3,0000915
x_5	1,4142135	3,0000000

wobei die Rechnungen mit dem bulgarischen Taschenrechner elka 135 durchgeführt wurden. In beiden Fällen wurden die Fixpunkte $\sqrt{2}$ bzw. $\sqrt{9} = 3$ in den angegebenen *acht Stellen bereits nach fünf Iterationsschritten erreicht*, so daß das Iterationsverfahren als besonders effektiv bezeichnet werden kann.

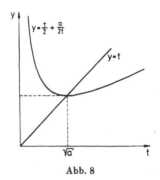

Abb. 8

Aufgaben. 17. Man zeige, daß die z_n aus (9.4) ebenfalls die Gleichung (9.5) erfüllen, also

$$z_n = 2az_{n-1} + (2 - a^2) z_{n-2}. \tag{9.12}$$

18. Man zeige, daß die x_n aus (9.3) auch die Rekursionsformel

$$x_n = x_{n-1} + \frac{(a^2 - 2)^n}{z_n z_{n-1}} w_0$$

mit $w_0 = y_0 z_{-1} - y_{-1} z_0$ erfüllen.

§ 10. Berechnung von Nullstellen

Will man die *Nullstellen* einer Funktion f bestimmen, d. h. die Lösungen x der Gleichung

$$f(x) = 0 \tag{10.1}$$

ermitteln, so kann man folgendermaßen vorgehen: Zunächst bringe man die Gleichung (10.1) durch geeignete Umformung auf eine *iterationsfähige Form*

$$x = g(x), \tag{10.2}$$

bei der die Nullstellen (oder wenigstens eine Nullstelle) von f als Fixpunkte von g erscheinen. Auf eine allgemeine Möglichkeit für eine solche Umformung werden wir weiter unten eingehen.

Danach betrachte man nach Wahl eines *Startwertes* x_0 das zugehörige *Iterationsverfahren*

$$x_n = g(x_{n-1}) \tag{10.3}$$

für $n = 1, 2, 3, \ldots$ Vorausgesetzt werden muß natürlich, daß die Funktion g an den auftretenden Stellen x_{n-1} stets erklärt ist. Die ersten Werte der Iterationsfolge x_n lauten, wenn wir sie jeweils durch x_0 ausdrücken,

$$x_1 = g(x_0), \quad x_2 = g(x_1) = g\big(g(x_0)\big), \quad x_3 = g(x_2) = g\big(g(g(x_0))\big).$$

Wir unterscheiden jetzt zwei Fälle, die besondere Namen tragen:

1^0. Nähern sich die Iterierten (10.3) dem Fixpunkt x, sofern der Startpunkt x_0 der Iteration hinreichend nahe bei x gewählt wird, so heißt der Fixpunkt x *anziehend*.

2^0. Entfernen sich die Iterierten (10.3) vom Fixpunkt x, wie nahe auch der Startpunkt x_0 der Iteration bei x gewählt wird (jedoch $x_0 \neq x$), so heißt der Fixpunkt x *abstoßend*.

Beim Übergang von (10.1) zu (10.2) hat man darauf zu achten, daß die gesuchte Wurzel x von (10.1) ein anziehender Fixpunkt von (10.2) wird.

Lineare Funktionen. Besonders übersichtlich sind die Verhältnisse bei der *linearen Funktion* (vgl. S. 41)

$$g(t) = at + b$$

mit $a \neq 0$ und $a \neq 1$, der wir uns jetzt zuwenden wollen. Die Gleichung

$$x = ax + b \tag{10.4}$$

hat offenbar die Lösung $x = b/(1 - a)$, so daß es genau einen Fixpunkt gibt. Die zugehörige Iterationsvorschrift (10.3) lautet

$$x_n = ax_{n-1} + b.$$

Sie ist eine Rekursionsformel erster Ordnung, die nach Beispiel 6^0 von § 5 die *Lösung*

$$x_n = \frac{b}{1 - a} + \left(x_0 - \frac{b}{1 - a}\right) a^n \tag{10.5}$$

besitzt. Unter Beachtung des in Abb. 2 angedeuteten Verhaltens der Folge a^n mit wachsendem n erkennt man aus (10.5), daß der Fixpunkt $b/(1-a)$ *für* $|a| < 1$ *anziehend und für* $|a| > 1$ *abstoßend* ist.

Im Fall $|a| < 1$ des anziehenden Fixpunktes unterscheiden wir drei Unterfälle:

Ist $0 < a < 1$ und $x_0 < b/(1-a)$, so nähern sich die x_n von „links" her dem Fixpunkt, d. h., die Folge x_n ist *monoton wachsend* (Abb. 9a).

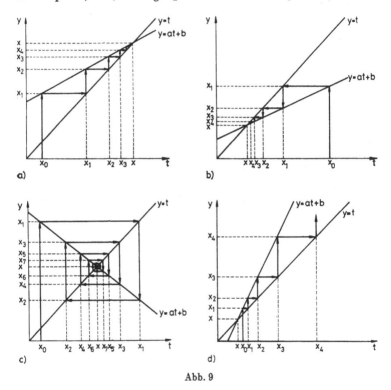

Abb. 9

Ist $0 < a < 1$ und $x_0 > b/(1-a)$, so nähern sich die x_n von „rechts" her dem Fixpunkt, d. h., die Folge x_n ist *monoton fallend* (Abb. 9b).

Ist $-1 < a < 0$, so nähern sich die x_n abwechselnd von beiden Seiten her dem Fixpunkt, d. h., die Folge x_n ist *alternierend* (Abb. 9c).

Die Annäherung an den Fixpunkt erfolgt um so schneller, je kleiner $|a|$ ist. Im Fall $|a| > 1$ des abstoßenden Fixpunktes (Abb. 9d) lösen wir die Gleichung (10.4) nach dem auf der rechten Seite auftretenden x auf, d. h., wir gehen zu der neuen Fixpunktgleichung $x = x/a - b/a$ über, für die der Fixpunkt $b/(1 - a)$ wegen $|1/a| < 1$ anziehend ist. Damit haben wir diesen Fall auf den vorhergehenden zurückgeführt.

Im Fall $a = -1$ haben die Iterierten (10.5) die Periode 2, d. h., es gilt $x_n = x_{n-2}$, und der Fixpunkt ist weder anziehend noch abstoßend.

Polynome. Die soeben bei der einfachen Gleichung (10.4) gewonnenen Erkenntnisse sind auch für allgemeinere Gleichungen typisch. Ist beispielsweise (10.1) eine *Polynomgleichung* wie

$$3x^3 + 131x^2 + 239x + 47 = 0, \qquad (10.6)$$

so kann man den Übergang zur Fixpunktgleichung (10.2) dadurch vollziehen, daß man das Polynom nach dem in dem linearen Glied $239x$ vorkommenden x auflöst:

$$x = -(3x^3 + 131x^2 + 47)/239.$$

Hieraus entsteht die Iterationsvorschrift

$$x_n = -\big((3x_{n-1} + 131)\,x_{n-1}^2 + 47\big)/239, \qquad (10.7)$$

wobei die Klammern so gesetzt wurden, wie es für die praktische Durchführung der Rechnungen vorteilhaft ist. Vom Startwert $x_0 = 0$ ausgehend, erhält man mit dem bulgarischen Taschenrechner elka 135 bei 11 Iterationsschritten

n	x_n	$x_n - x_{n-1}$
1	−0,196 6527	−0,196 6527
2	−0,217 7542	−0,021 1015
3	−0,222 5131	−0,004 7589
4	−0,223 6528	−0,001 1397
5	−0,223 9294	−0,000 2766
6	−0,223 9967	−0,000 0673
7	−0,224 0131	−0,000 0164
8	−0,224 0171	−0,000 0040
9	−0,224 0181	−0,000 0010
10	−0,224 0183	−0,000 0002
11	−0,224 0184	−0,000 0001

und bei weiterer Iteration ändert sich das Ergebnis nicht mehr, so daß wir mit $x = -0,224\,0184$ bis auf Rundungsfehler, die die letzte Stelle beein-

flussen könnten, eine Wurzel von (10.6) in ihren ersten sechs Dezimalen
berechnet haben. Aus der letzten Spalte erkennt man, daß die Annäherung
der x_n an den Fixpunkt monoton fallend erfolgt und wie schnell diese Annäherung vor sich geht.

Der zuvor angegebene Übergang von (10.6) zu (10.7) führt nicht immer
zu einem anziehenden Fixpunkt, aber dann, wenn man die kleinste Nullstelle von (10.6) sucht und der Koeffizient des Gliedes x groß genug ist.
Eine allgemeine Möglichkeit, von (10.1) zu einer brauchbaren Iterationsvorschrift zu gelangen, bietet das folgende

Sekantenverfahren. *Man wähle eine geeignete Zahl* $m \neq 0$, *dividiere* (10.1)
durch $-m$ *und gehe zur äquivalenten Umformung*

$$x = x - \frac{1}{m}\, f(x)$$

über, zu der die Iterationsvorschrift

$$x_n = x_{n-1} - \frac{1}{m}\, f(x_{n-1}) \tag{10.8}$$

gehört. Dabei empfiehlt es sich, für m den Steigungsfaktor

$$m = \frac{f(\xi_2) - f(\xi_1)}{\xi_2 - \xi_1} \tag{10.9}$$

der Sekante durch zwei Kurvenpunkte $\big(\xi_1, f(\xi_1)\big)$, $\big(\xi_2, f(\xi_2)\big)$ in der Nähe der
gesuchten Nullstelle $t = x$ der Funktion $y = f(t)$ zu wählen.

Die Motivation für die Iterationsvorschrift (10.8) ergibt sich dadurch, daß
$t = x_n$ die Wurzel der Geradengleichung

$$y - f(x_{n-1}) = m(t - x_{n-1})$$

durch den Kurvenpunkt $\big(x_{n-1}, f(x_{n-1})\big)$ ist und diese Gerade die Funktion
$y = f(t)$ in der Umgebung der Nullstelle $t = x$ approximiert (Abb. 10). Für
das Iterationsverfahren (10.8) sind verschiedene Varianten möglich, bei
denen der Faktor m bei jedem Iterationsschritt verändert wird, also ebenfalls
von n abhängt:

1. Variante. Man wähle $\xi_2 = x_{n-1}$, ξ_1 fest.

2. Variante. Man wähle $\xi_2 = x_{n-1}$, $\xi_1 = x_{n-2}$.

Die zweite Variante ergibt eine Rekursionsformel zweiter Ordnung und
benötigt zwei Startwerte x_0, x_1, sie steht zu der sogenannten *Regula falsi* in
enger Beziehung. Übrigens läßt sich auch das Beispiel (9.11) als Spezialfall
von (10.8) mit $f(x) = x^2 - a$ und $m = 2x_{n-1}$ deuten.

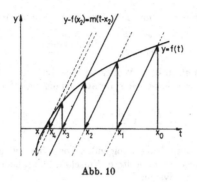

Abb. 10

Aufgaben. Man beweise:

19. Ist g eine monoton wachsende Funktion, d. h., folgt aus $x' < x''$ stets $g(x') < g(x'')$, und ist x ein Fixpunkt von g, so nähern sich die Iterierten (10.3) im Fall $x_0 < x_1 < x$ von „links" und im Fall $x < x_1 < x_0$ von „rechts" her dem Fixpunkt x.

20. Ist g eine monoton fallende Funktion, d. h., folgt aus $x' < x''$ stets $g(x') > g(x'')$, und ist x ein Fixpunkt von g, so nähern sich die Iterierten (10.3) im Fall $x_0 < x_2 < x$ dem Fixpunkt x alternierend.

§ 11. Zwei Gleichungen

Iterationsverfahren kann man auch verwenden, um mehrere Gleichungen mit mehreren Unbekannten näherungsweise aufzulösen. Dies wollen wir jetzt an Hand des einfachen *linearen Systems von zwei Gleichungen mit zwei Unbekannten*

$$ax - by = p, \qquad cx - dy = q \qquad (11.1)$$

zeigen. Zunächst führen wir jedoch eine geschlossene Lösungsmethode vor.

Gaußsche Eliminationsmethode. Multiplizieren wir etwa die erste Gleichung von (11.1) mit d und die zweite Gleichung mit b, so haben die entstehenden Gleichungen

$$adx - bdy = pd, \qquad bcx - bdy = bq$$

bei y einen gemeinsamen Koeffizienten. Somit folgt durch Differenzbildung

$$(ad - bc)\, x = pd - bq,$$

und wir haben y eliminiert. Im Fall

$$ad - bc \neq 0 \qquad (11.2)$$

folgt hieraus, wenn wir in analoger Weise auch x eliminieren,

$$x = \frac{pd - bq}{ad - bc}, \qquad y = \frac{pc - aq}{ad - bc}. \tag{11.3}$$

Iteration in Gesamtschritten. Wollen wir das System (11.1) iterativ lösen, so benötigen wir zunächst eine iterationsfähige Umformung. Im Fall $a \neq 0$, $d \neq 0$ ist

$$x = \frac{b}{a} y + \frac{p}{a}, \qquad y = \frac{c}{d} x - \frac{q}{d}$$

eine solche Umformung. Um die folgenden Formeln zu vereinfachen, setzen wir $a = d = 1$, was keine weitere Einschränkung bedeutet, d. h., wir befassen uns mit dem System

$$x = by + p, \qquad y = cx - q. \tag{11.4}$$

Nach Wahl zweier Startwerte x_0, y_0 läßt sich diesem System die Iterationsvorschrift

$$x_n = by_{n-1} + p, \qquad y_n = cx_{n-1} - q \tag{11.5}$$

zuordnen, die man ein *Gesamtschrittverfahren* nennt. Zur Lösung des Systems (11.5) ersetzen wir in beiden Gleichungen n durch $n - 1$, so daß

$$x_{n-1} = by_{n-2} + p, \qquad y_{n-1} = cx_{n-2} - q$$

entsteht. Hieraus folgt durch Elimination der Iterierten mit dem Index $n - 1$

$$x_n = bcx_{n-2} + (p - bq), \qquad y_n = bcy_{n-2} + (cp - q). \tag{11.6}$$

Es genügt, diese Gleichungen nur für gerade n zu betrachten, dann sind sie wegen $2n - 2 = 2(n - 1)$ Rekursionsformeln erster Ordnung bezüglich x_{2n} bzw. y_{2n} (vgl. Aufgabe 16), und wir erhalten analog zu (10.5) die Ergebnisse

$$\left. \begin{array}{l} x_{2n} = \dfrac{p - bq}{1 - bc} + \left(x_0 - \dfrac{p - bq}{1 - bc}\right)(bc)^n, \\[3mm] y_{2n} = \dfrac{cp - q}{1 - bc} + \left(y_0 - \dfrac{cp - q}{1 - bc}\right)(bc)^n. \end{array} \right\} \tag{11.7}$$

Für die ungeraden Indizes ergibt sich nach kurzer Zwischenrechnung aus (11.5)

$$\left. \begin{array}{l} x_{2n+1} = \dfrac{p - bq}{1 - bc} + b\left(y_0 - \dfrac{cp - q}{1 - bc}\right)(bc)^n, \\[3mm] y_{2n+1} = \dfrac{cp - q}{1 - bc} + c\left(x_0 - \dfrac{p - bq}{1 - bc}\right)(bc)^n. \end{array} \right\} \tag{11.8}$$

Auf Grund des in Abb. 2 angedeuteten Verhaltens der Folge der Potenzen können wir abschließend feststellen: Hat man als Startwerte x_0, y_0 für das Iterationsverfahren (11.5) nicht bereits den Fixpunkt (11.3) mit $a = d = 1$ gewählt, so *nähern sich die Iterierten* x_n, y_n *genau dann dem Fixpunkt, wenn* $|bc| < 1$ *ist*, und die Annäherung erfolgt um so schneller, je kleiner $|bc|$ ist. Im Fall $|bc| > 1$ entfernen sich die Iterierten von dem Fixpunkt, der Fall $bc = 1$ ist wegen (11.2) und $ad = 1$ ausgeschlossen, und im Fall $bc = -1$ haben die Iterierten die Periode 4. Im letzten Fall stehen die Geraden mit den Gleichungen (11.4) senkrecht aufeinander.

Iteration in Einzelschritten. Das Gleichungssystem (11.4) kann im Fall $|bc| < 1$ auch durch ein etwas anderes Iterationsverfahren gelöst werden. Hat man nämlich aus der ersten der Gleichungen (11.5) den Wert x_n bestimmt, so kann man in der zweiten Gleichung bei der Berechnung von y_n an Stelle von x_{n-1} bereits den verbesserten Wert x_n benutzen, d. h. an Stelle von (11.5) die Iterationsvorschrift

$$x_n = by_{n-1} + p, \qquad y_n = cx_n - q \tag{11.9}$$

verwenden, bei der man mit einem einzigen Startwert y_0 auskommt. Dieses Verfahren heißt ein *Einzelschrittverfahren*. Um die Iterierten x_n, y_n geschlossen angeben zu können, eliminieren wir aus den Gleichungen (11.9) die Iterierte x_n, wobei die Gleichung

$$y_n = cby_{n-1} + (cp - q) \tag{11.10}$$

entsteht. Diese Rekursionsformel für y_n ist dieselbe wie die aus (11.6) hervorgehende für y_{2n}; somit können wir aus (11.7) die Lösung

$$y_n = \frac{cp - q}{1 - bc} + \left(y_0 - \frac{cp - q}{1 - bc}\right)(bc)^n \tag{11.11}$$

entnehmen. Aus der ersten der Gleichungen (11.9) folgt hiermit nach kurzer Zwischenrechnung

$$x_n = \frac{p - bq}{1 - bc} + \frac{1}{c}\left(y_0 - \frac{cp - q}{1 - bc}\right)(bc)^n \tag{11.12}$$

(vgl. Abb. 11). Da die Größenordnung des Fehlers zwischen den Iterierten und dem Fixpunkt (11.3) mit $a = d = 1$ durch die Potenz $(bc)^n$ bestimmt wird, zeigt ein Vergleich mit den vorhergehenden Ergebnissen (11.7), (11.8), daß zumindest bei diesem Beispiel das Gesamtschrittverfahren im wesentlichen die *doppelte Anzahl von Iterationsschritten* benötigt, um dieselbe Genauigkeit wie beim Einzelschrittverfahren zu erreichen.

Nichtlineare Gleichungen. Die vorhergehenden Überlegungen dienten nur als Musterbeispiel für die iterative Lösung von Gleichungssystemen mit mehreren Unbekannten. Hat man es an Stelle von (11.1) mit einem *nichtlinearen System* zu tun, so stehen nämlich solche geschlossenen Lösungsformeln wie (11.3) nicht zur Verfügung, während die Iterationsverfahren

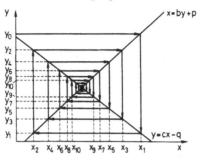

Abb. 11

auch dann anwendbar bleiben. Denken wir uns das System von vornherein auf die iterationsfähige Form

$$x = g(x, y), \qquad y = h(x, y) \tag{11.13}$$

gebracht, wobei g und h zwei bekannte Funktionen sind, so lautet das *Iterationsverfahren in Gesamtschritten*

$$x_n = g(x_{n-1}, y_{n-1}), \qquad y_n = h(x_{n-1}, y_{n-1}) \tag{11.14}$$

und das *Iterationsverfahren in Einzelschritten*

$$x_n = g(x_{n-1}, y_{n-1}), \qquad y_n = h(x_n, y_{n-1}). \tag{11.15}$$

Bei nichtlinearen Funktionen g, h wird man die Iterierten x_n, y_n kaum wie im vorhergehenden Fall geschlossen angeben können. Ihre Berechnung mit Hilfe eines Automaten bietet jedoch keine Schwierigkeiten.

Es sei noch erwähnt, daß man die vorhergehenden Betrachtungen auch auf Gleichungssysteme mit mehr als zwei Gleichungen und Unbekannten übertragen kann.

Aufgaben. Unter der Voraussetzung $bc = 1$ beweise man:

21. Im Fall $p \neq bq$ ist das System (11.4) unlösbar.

22. Im Fall $p = bq$ hat das Lösungspaar x, y von (11.4) die Form $x = x^* + c_0 x_0$, $y = y^* + c_0 y_0$, wobei x^*, y^* ein spezielles Lösungspaar, x_0, y_0 ein nichttriviales Lösungspaar des zugehörigen homogenen Systems mit $p = q = 0$ und c_0 eine beliebige Konstante ist (vgl. § 7).

§ 12. Fehlerabschätzungen

In den vorhergehenden drei Paragraphen haben wir Iterationsverfahren betrachtet, bei denen sich die Iterierten x_n einer gesuchten Zahl x schrittweise annähern. Für die Anwendungen ist es wichtig, den Fehler $|x_n - x|$ abzuschätzen und nach Möglichkeit ein n zu berechnen, für das der Fehler eine zulässige Genauigkeitsschranke $\varepsilon > 0$ nicht übersteigt. Häufig haben Fehlerabschätzungen die Form

$$|x_n - x| \leqq cq^n, \tag{12.1}$$

wobei c eine positive Konstante ist und q eine Konstante mit

$$0 < q < 1. \tag{12.2}$$

In diesem Fall können wir die gewünschte Genauigkeitsaussage

$$|x_n - x| \leqq \varepsilon \tag{12.3}$$

garantieren, sobald n die Ungleichung $cq^n \leqq \varepsilon$ oder $c/\varepsilon \leqq (1/q)^n$ erfüllt. Durch Logarithmierung (mit einer beliebigen Basis größer als 1) folgt hieraus, daß *die Ungleichung* (12.3) *für jede natürliche Zahl n mit*

$$\frac{\log (c/\varepsilon)}{\log (1/q)} \leqq n \tag{12.4}$$

erfüllt ist.

Beispielsweise erhalten wir im Fall $c = 12$, $q = 1/4$, $\varepsilon = 10^{-3}$ bei Verwendung von Zehner-Logarithmen wegen

$$\frac{\log (12 \cdot 10^3)}{\log 4} \approx \frac{4{,}079}{0{,}602} \approx 6{,}775,$$

daß (12.3) für $n = 7$ erfüllt ist, da wir n natürlich so klein wie möglich wählen werden. Ist (12.1) mit einem kleineren c oder mit einem kleineren q erfüllt, so kommt man im allgemeinen mit noch weniger Iterationsschritten n aus.

Bei den vorhergehenden Beispielen (9.7), (10.5) und (11.12) sieht man sofort, daß eine Fehlerabschätzung der Form (12.1) mit $q = |b|$, $|a|$ bzw. $|bc|$ vorliegt, falls auch (12.2) erfüllt ist. Im Fall der allgemeinen Fixpunktgleichung (10.2), d. h.

$$x = g(x), \tag{12.5}$$

mit dem zugehörigen Iterationsverfahren (10.3), d. h.

$$x_n = g(x_{n-1}), \tag{12.6}$$

gelangen wir zu der Fehlerabschätzung (12.1), wenn die Funktion g für beliebige x', x'' einer *Lipschitz-Bedingung*

$$|g(x') - g(x'')| \leqq q\,|x' - x''| \tag{12.7}$$

genügt, bei der die *Lipschitz-Konstante* q die Ungleichung (12.2) erfüllt. Es gilt nämlich der folgende

Approximations- und Eindeutigkeitssatz. *Es sei g eine Funktion mit (12.7) und (12.2). Dann gilt über ihre Iterierten (12.6) bei hinreichend großen n und über ihre Fixpunkte:*

1^0. *Bei beliebigen Startwerten kommen sich die Iterierten zweier Iterationsfolgen beliebig nahe.*

2^0. *Bei beliebigem Startwert erfüllen die Iterierten die Gleichung (12.5) beliebig genau.*

3^0. *Ein Fixpunkt von g läßt sich durch die Iterierten beliebig genau approximieren.*

4^0. *Die Funktion g besitzt höchstens einen Fixpunkt.*

Beweis. 1^0. Wir betrachten neben (12.6) eine zweite Iterationsfolge

$$z_n = g(z_{n-1}). \tag{12.8}$$

Durch Subtraktion von (12.6) ergibt sich $z_n - x_n = g(z_{n-1}) - g(x_{n-1})$. Die Lipschitz-Bedingung (12.7) lautet speziell für $x' = z_{n-1}$, $x'' = x_{n-1}$

$$|g(z_{n-1}) - g(x_{n-1})| \leqq q\,|z_{n-1} - x_{n-1}|,$$

so daß wir

$$|z_n - x_n| \leqq q\,|z_{n-1} - x_{n-1}|$$

erhalten. Hieraus folgt für $n = 1, 2, \ldots$

$$|z_1 - x_1| \leqq q\,|z_0 - x_0|, \quad |z_2 - x_2| \leqq q\,|z_1 - x_1| \leqq q^2\,|z_0 - x_0|, \ldots$$

und daher nach n Schritten

$$|z_n - x_n| \leqq q^n\,|z_0 - x_0|. \tag{12.9}$$

Wegen (12.2) ist somit die erste Teilbehauptung bewiesen.

2^0. Wählen wir als Startwert von (12.8) $z_0 = x_1 = g(x_0)$, so folgt rekursiv $z_n = x_{n+1} = g(x_n)$. Damit erhalten wir als Spezialfall von (12.9)

$$|g(x_n) - x_n| \leqq q^n\,|x_1 - x_0|, \tag{12.10}$$

womit nach dem zuvor Gesagten die zweite Teilbehauptung bewiesen ist.

3^0. Ist $z_0 = x$ ein Fixpunkt von g, so gilt wegen (12.5) und (12.8) $z_n = x$ für alle n. In diesem Spezialfall lautet (12.9)

$$|x - x_n| \leqq q^n |x - x_0|, \tag{12.11}$$

und dies ist nichts anderes als (12.1) mit $c = |x - x_0|$, d. h. unsere dritte Teilbehauptung.

4^0. Ist jetzt auch $x_0 = z$ ein Fixpunkt von g, so gilt $x_n = z$, und (12.11) geht für $n = 1$ in

$$|x - z| \leqq q |x - z|$$

oder $(1 - q)|x - z| \leqq 0$ über. Wegen (12.2) ist $1 - q > 0$, so daß diese Ungleichung nur für $x = z$ bestehen kann. Dies bedeutet aber die Eindeutigkeit des Fixpunktes.

Wie aus dem Beweis hervorgeht, ist es nicht nötig, daß die Lipschitz-Bedingung (12.7) für alle reellen Zahlen x', x'' erfüllt ist. Vielmehr genügt es, wenn sie *für alle Zahlen eines Intervalls erfüllt ist, in dem die Iterierten und der gesuchte Fixpunkt liegen.* Aus (12.11) ist ersichtlich, daß die Annäherung der x_n an x um so besser ist, je näher der Startpunkt x_0 bei x gewählt wird bzw. je kleiner q in (12.7) ist. Im Satz wird nichts darüber ausgesagt, ob ein Fixpunkt existiert. Für praktische Anwendungen ist aber die Aussage 2^0 völlig ausreichend.

Als Beispiel betrachten wir die Funktion $g(t) = \dfrac{t}{2} + \dfrac{a}{2t}$ mit $a > 0$, die zu der Fixpunktgleichung (9.10) gehört. Wegen

$$g(x') - g(x'') = \left(\frac{1}{2} - \frac{a}{2x'x''}\right)(x' - x'')$$

ist die Lipschitz-Bedingung (12.7) mit $q = 1/2$ erfüllt, wenn wir die Veränderlichen x', x'' größer als $\sqrt{a/2}$ wählen, da dann

$$-\frac{1}{2} = \frac{1}{2} - \frac{a}{2\frac{a}{2}} < \frac{1}{2} - \frac{a}{2x'x''} < \frac{1}{2}$$

ist. Bei diesem Beispiel läßt sich sogar q beliebig klein wählen, wenn nur x', x'' hinreichend nahe bei $\sqrt{a}$ liegen.

Die vorhergehenden Überlegungen lassen sich auch auf den Fall von § 11 übertragen, wenn man für *Funktionen zweier Veränderlicher* Lipschitz-Bedingungen der Form

$$|g(x', y') - g(x'', y'')| \leqq q_1 |x' - x''| + q_2 |y' - y''|$$

verwendet und die Lipschitz-Konstanten q_1, q_2 passend einschränkt.

Aufgaben. 23. Man zeige, daß die zur Iterationsvorschrift (10.7) gehörende Funktion $g(t) = -(3t^3 + 131t^2 + 47)/239$ im Intervall $-1/2 \leqq x'$, $x'' \leqq 0$ der Lipschitz-Bedingung (12.7) mit $q = 134/239$ genügt.

24. Man beweise: Besitzt $g(t)$ die Lipschitz-Konstante q und $h(t)$ die Lipschitz-Konstante p, so erfüllt die zusammengesetzte Funktion $g(h(t))$ eine Lipschitz-Bedingung mit der Lipschitz-Konstanten pq.

IV. Diskrete Modelle

Bei den praktischen Anwendungen der Mathematik hat man in der Regel diskrete Meßwerte zu diskreten Endergebnissen zu verarbeiten. In komplizierteren Fällen geschieht dies mit Hilfe eines kontinuierlichen mathematischen Modells, das zur Bearbeitung auf einem Rechenautomaten dann nachträglich diskretisiert wird. Viel natürlicher ist es jedoch, sofort ein

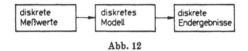

Abb. 12

diskretes mathematisches Modell heranzuziehen, d. h. wie in dem Schema der Abb. 12 vorzugehen. Dies hat dann gleichzeitig den Vorteil, daß man kaum Hilfsmittel aus der höheren Mathematik benötigt. Als Nachteil muß man allerdings in Kauf nehmen, daß diskrete Modelle nicht eindeutig bestimmt sind. Andererseits läßt sich die vorhandene Mehrdeutigkeit ausnutzen, um zusätzliche Anforderungen zu stellen und zu erfüllen.

In den nächsten drei Paragraphen wollen wir ein diskretes Modell der Mechanik vorstellen, das nach einem einheitlichen Konstruktionsprinzip aufgebaut, symmetrisch und besonders einfach ist. Zu diesem Modell gelangt man, wenn man den kontinuierlichen Zeitablauf diskretisiert, das Geschehen also nur in gewissen diskreten Zeitpunkten $t_0, t_1, t_2, \ldots$ abtastet (Abb. 1).

Im einfachsten Fall wird man die Zeitspanne $\Delta t = t_n - t_{n-1}$ zwischen zwei benachbarten Zeitpunkten von n unabhängig wählen, so daß dann die Punkte

$$t_1 = t_0 + \Delta t, \quad t_2 = t_0 + 2\Delta t, \quad t_3 = t_0 + 3\Delta t, \ldots$$

äquidistant sind, wir wollen uns aber nicht von vornherein auf diesen Fall einschränken. Um das Wesentliche herausarbeiten zu können, gehen wir jedoch nur auf den eindimensionalen Fall ein, d. h., wir betrachten nur geradlinige Bewegungsabläufe und Krafteinwirkungen. Der Kürze wegen lassen wir dabei auch Dimensionsfragen außer acht. Die Darstellung lehnt sich eng an [5] an.

In dem letzten Paragraphen des Abschnitts behandeln wir ein diskretes Modell der Wahrscheinlichkeitstheorie, deren Grundlagen in dem Buch B. W. GNEDENKO und A. J. CHINTSCHIN [10] dargestellt werden.

§ 13. Das Konstruktionsprinzip

Zwischen den mechanischen Größen *Zeit t*, *Weg s*, *Geschwindigkeit v*, *Beschleunigung a*, *Kraft F* und *Arbeit W* bestehen im einfachsten Fall die Grundgleichungen

$$s = vt, \qquad v = at, \qquad W = Fs. \tag{13.1}$$

Dabei ist vorauszusetzen, daß die ersten Faktoren auf den rechten Seiten konstant sind, während die übrigen Größen sich ändern können. Lassen wir t die diskreten Zeitpunkte t_n, $n = 0, 1, 2, \ldots$, durchlaufen, so hängen auch s, v und W von n ab, und wir erhalten an Stelle von (13.1) die Gleichungen

$$s_n = vt_n, \qquad v_n = at_n, \qquad W_n = Fs_n. \tag{13.2}$$

Die erste Gleichung beschreibt eine *gleichförmige Bewegung* bei konstanter Geschwindigkeit v, die zweite eine *gleichförmig beschleunigte Bewegung* bei konstanter Beschleunigung a und die dritte die *Arbeit längs des Weges s_n* bei einer konstanten Kraft F. Da n variabel ist, können wir die Gleichungen (13.2) auch mit $n - 1$ an Stelle von n aufschreiben, d. h.

$$s_{n-1} = vt_{n-1}, \qquad v_{n-1} = at_{n-1}, \qquad W_{n-1} = Fs_{n-1},$$

und wir erhalten durch Differenzbildung

$$\left. \begin{array}{l} s_n - s_{n-1} = v(t_n - t_{n-1}), \quad v_n - v_{n-1} = a(t_n - t_{n-1}), \\ W_n - W_{n-1} = F(s_n - s_{n-1}) \end{array} \right\} \tag{13.3}$$

für $n = 1, 2, 3, \ldots$ Während aus den Gleichungen (13.2) folgt, daß für $t_0 = 0$ auch s_0, v_0 sowie W_0 verschwinden, brauchen letztere Anfangswerte in den Gleichungen (13.3) nicht zu verschwinden, sondern stehen zur Anpassung an eine konkrete Aufgabenstellung zur Verfügung.

Wir müssen uns jetzt entscheiden, wie die Grundgleichungen (13.3) zu verändern sind, wenn v, a und F ebenfalls von der Zeit t_n und damit von n abhängen. Das einfachste *Modell* erhalten wir, wenn wir diese Größen einfach durch ihren n-ten Wert v_n, a_n bzw. F_n ersetzen. Ebenso einfach wäre es, den $(n-1)$-ten Wert v_{n-1}, a_{n-1} bzw. F_{n-1} zu wählen. In beiden Fällen würden aber die Gleichungen unsymmetrisch werden. Das einfachste symmetrische Modell entsteht, wenn wir die arithmetischen Mittel $\frac{1}{2}(v_n + v_{n-1})$, $\frac{1}{2}(a_n + a_{n-1})$ bzw. $\frac{1}{2}(F_n + F_{n-1})$ wählen, d. h. *die Gleichungen* (13.3) *durch*

$$s_n - s_{n-1} = \frac{1}{2}(v_n + v_{n-1})(t_n - t_{n-1}), \qquad (13.4)$$

$$v_n - v_{n-1} = \frac{1}{2}(a_n + a_{n-1})(t_n - t_{n-1}), \qquad (13.5)$$

$$W_n - W_{n-1} = \frac{1}{2}(F_n + F_{n-1})(s_n - s_{n-1}) \qquad (13.6)$$

ersetzen. Sind die Zeitspannen $\Delta t_n = t_n - t_{n-1}$ (vgl. S. 58) klein, so stellen diese Gleichungen eine gute Annäherung an die entsprechenden Gleichungen der klassischen Mechanik dar.

Multiplizieren wir die Gleichungen (13.4) und (13.5) „über Kreuz", so erhalten wir wegen der binomischen Formel

$$(v_n + v_{n-1})(v_n - v_{n-1}) = v_n^2 - v_{n-1}^2$$

nach Kürzung des Faktors $\frac{1}{2}\Delta t_n$ die Beziehung

$$v_n^2 - v_{n-1}^2 = (a_n + a_{n-1})(s_n - s_{n-1}), \qquad (13.7)$$

auf die wir weiter unten noch zurückkommen werden.

Mit dem Übergang von den Gleichungen (13.3), in denen ein konstanter Faktor auftritt, zu den entsprechenden Gleichungen (13.4) bis (13.6) mit veränderlichem Faktor haben wir ein *einheitliches Grundprinzip* zur Verallgemeinerung elementarer Gleichungen, durch das unser diskretes Modell weitgehend bestimmt ist. Wie wir aber gleich sehen werden, können wir dieses Prinzip keineswegs schrankenlos anwenden.

Erstens gibt es nämlich Grundgleichungen der Mechanik wie

$$J_n = m v_n, \qquad K_n = \frac{1}{2} m v_n^2, \qquad (13.8)$$

in denen m die *Masse* eines mit der Geschwindigkeit v_n im Zeitpunkt t_n sich bewegenden Massenpunktes, J_n den *Impuls* und K_n die *kinetische Energie* dieses Massenpunktes bezeichnen, die auch für eine veränderliche Masse in ganz analoger Form gelten:

$$J_n = m_n v_n, \qquad K_n = \frac{1}{2} m_n v_n^2. \qquad (13.9)$$

In diesem Fall würde unser Modell erheblich von der klassischen Mechanik abweichen, wenn wir die Gleichungen (13.8) nicht durch (13.9), sondern durch Anwendung des vorhergehenden Konstruktionsprinzips auf veränderliche Massen übertragen würden.

Zweitens könnte es sein, daß eine gedankenlose Anwendung des Konstruktionsprinzips dadurch zu einem Widerspruch führt, daß eine physikalische Größe in mehreren Gleichungen auftritt und durch die Übertragung vom konstanten auf den variablen Fall bei diesen Gleichungen unterschiedliche Ergebnisse entstehen. Um hierfür ein Beispiel zu geben, betrachten wir das *Newtonsche Grundgesetz*

$$F_n = ma_n,\qquad(13.10)$$

das in dieser Form für konstante Massen m gilt. Aus (13.8) und (13.5) folgt

$$J_n - J_{n-1} = m(v_n - v_{n-1}) = \frac{m}{2}(a_n + a_{n-1})(t_n - t_{n-1}),$$

so daß wir unter Berücksichtigung von (13.10)

$$J_n - J_{n-1} = \frac{1}{2}(F_n + F_{n-1})(t_n - t_{n-1})\qquad(13.11)$$

erhalten. Diese Gleichung ist nichts anderes als die Verallgemeinerung der für eine konstante Kraft $F = ma$ wegen (13.2) und (13.8) gültigen Beziehung

$$J_n = Ft_n$$

auf den variablen Fall mit Hilfe unseres Konstruktionsprinzips. Im vorliegenden Fall haben wir es aber nicht willkürlich angewandt, sondern (13.11) aus den vorhergehenden Gleichungen hergeleitet.

Ist auch die Masse m von der Zeit t_n abhängig, so folgt aus (13.9) und (13.11)

$$m_n v_n - m_{n-1}v_{n-1} = \frac{1}{2}(F_n + F_{n-1})(t_n - t_{n-1}).\qquad(13.12)$$

Diese Gleichung haben wir als *Verallgemeinerung des Newtonschen Grundgesetzes* auf den Fall einer variablen Masse anzusehen, so daß wir im vorliegenden Fall nicht auch noch auf (13.10) unser Konstruktionsprinzip anwenden können.

Veränderliche Massen kommen nicht nur in der Relativitätstheorie vor, sondern beispielsweise auch beim Start einer Rakete, die durch die Verbrennung des Treibstoffs laufend an Masse verliert.

Aufgaben. Man löse die Rekursionsformel (13.4)

25. bei gegebenen v_n, t_n und s_0 nach s_n auf,

26. bei gegebenen s_n, t_n und v_0 nach v_n auf.

§ 14. Erhaltungssätze

Das im vorhergehenden Paragraphen zur Aufstellung der (verallgemeinerten)
Grundgleichungen unseres diskreten Modells der Mechanik benutzte Konstruktionsprinzip ist scheinbar willkürlich ausgewählt und könnte auch
durch andere Konstruktionsvorschriften ersetzt werden. Wie, wir aber
gleich sehen werden, gelten in unserem Modell wichtige *Erhaltungssätze*
der Mechanik, so daß es allen anderen Modellen vorzuziehen ist, in denen
solche Sätze nicht gelten.

Umwandlung der Arbeit. Eliminieren wir aus der Gleichung (13.6) für die
Arbeit mit Hilfe des Newtonschen Grundgesetzes (13.10) die Kraft, so
erhalten wir

$$W_n - W_{n-1} = \frac{m}{2} (a_n + a_{n-1}) (s_n - s_{n-1}).$$

Hieraus folgt wegen der elementaren Umformung (13.7)

$$W_n - W_{n-1} = \frac{m}{2} (v_n{}^2 - v_{n-1}^2)$$

und unter Beachtung der Gleichung (13.8) für die kinetische Energie

$$W_n - W_{n-1} = K_n - K_{n-1}.$$

Durch rekursive Anwendung dieser Gleichung finden wir (vgl. § 4)

$$W_n - W_0 = K_n - K_0, \tag{14.1}$$

und diese Gleichung besagt, daß bei der Beschleunigung eines Massenpunktes
durch eine Kraft die *im Zeitintervall von t_0 bis t_n geleistete Arbeit gleich dem
Zuwachs an kinetischer Energie* ist.

Energieerhaltungssatz. Eine Kraft heißt *konservativ*, wenn sie (in dem hier
betrachteten eindimensionalen Fall) nur von dem Ort s_n, aber nicht von der
Zeit t_n abhängt. Dies ist in der Mechanik immer dann der Fall, wenn kein
Wärmeaustausch stattfindet, wenn also die *Reibung* nicht in Betracht
gezogen wird.

Haben wir es mit einer konservativen Kraft zu tun, so ist der negative
Wert der Arbeit (bis auf eine additive Konstante, auf die es nicht ankommt), gleich der *potentiellen Energie* U_n, d. h.

$$U_n = -W_n, \tag{14.2}$$

da umgekehrt die Arbeit durch Verringerung der potentiellen Energie
zurückgewonnen werden kann. Die potentielle Energie wird auch kurz
Potential genannt.

Eliminieren wir in (14.1) die Arbeit mit Hilfe von (14.2), so erhalten wir nach einer Umstellung den *Energieerhaltungssatz*

$$K_n + U_n = K_0 + U_0, \qquad (14.3)$$

d. h., *bei konservativen Kräften ist die Summe aus kinetischer und potentieller Energie konstant.*

Impulserhaltungssatz. Wir betrachten jetzt neben der Masse m mit der Geschwindigkeit v_n noch eine weitere Masse m^* mit der Geschwindigkeit $v_n{}^*$. Auf m möge von m^* her die Kraft F_n wirken, so daß nach dem *Prinzip der*

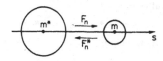

Abb. 13

Gleichheit von actio et reactio (lat.: Wirkung und Gegenwirkung) auf m^* von m her die Kraft $F_n{}^* = -F_n$ wirkt (Abb. 13). Solche zwischen zwei Massen wirkende Kräfte heißen *innere Kräfte.* Dabei ist es gleichgültig, ob die Kraftübertragung in direkter Form durch eine elastische Verbindung oder durch Fernwirkung über ein Kraftfeld erfolgt wie bei der Gravitation oder den elektromagnetischen Kräften. Wegen (13.11) gilt dann für die zugehörigen Impulse

$$J_n{}^* - J_0{}^* = -(J_n - J_0)$$

(vgl. Aufgabe 25), so daß nach einer Umstellung der *Impulserhaltungssatz*

$$J_n + J_n{}^* = J_0 + J_0{}^*$$

oder wegen (13.8)

$$mv_n + m^*v_n{}^* = mv_0 + m^*v_0{}^* \qquad (14.4)$$

entsteht, der besagt, daß unter den getroffenen Annahmen der *Gesamtimpuls* (als Summe der Einzelimpulse) *zeitlich konstant* bleibt.

Schwerpunktsatz. Es sei der Anfangsimpuls $mv_0 + m^*v_0{}^*$ des aus den Massen m und m^* bestehenden Systems gleich Null. Dann verschwindet der Gesamtimpuls auch für alle folgenden Zeitpunkte, wenn die Massen des Systems wie zuvor nur durch innere Kräfte untereinander in Wechselwirkung stehen, aber nicht durch zusätzlich äußere Kräfte beeinflußt werden. Insbesondere gilt also

$$mv_n + m^*v_n{}^* = mv_{n-1} + m^*v_{n-1}^* = 0$$

und daher auch

$$m(v_n + v_{n-1}) + m^*(v_n^* + v_{n-1}^*) = 0.$$

Multiplizieren wir diese Gleichung mit $\frac{1}{2}(t_n - t_{n-1})$, so folgt durch zweimalige Anwendung von (13.4)

$$m(s_n - s_{n-1}) + m^*(s_n^* - s_{n-1}^*) = 0.$$

Hieraus ergibt sich durch Umstellung

$$ms_n + m^*s_n^* = ms_{n-1} + m^*s_{n-1}^*$$

und durch rekursive Auflösung

$$ms_n + m^*s_n^* = ms_0 + m^*s_0^*. \qquad (14.5)$$

Bekanntlich ist durch die Gleichung

$$(m + m^*)\, x = ms + m^*s^* \qquad (14.6)$$

der gemeinsame *Schwerpunkt* x der Massen m und m^* definiert, sofern sie an den Stellen s bzw. s^* liegen (Abb. 14). Folglich beinhaltet (14.5) den

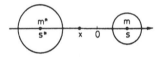

Abb. 14

Schwerpunktsatz der Mechanik, daß bei einer Bewegung zweier Massenpunkte, die nur durch innere Kräfte bewirkt wird, die *Lage des Schwerpunkts sich nicht ändert, wenn der Anfangsimpuls gleich Null* ist, die Massen sich also beispielsweise am Anfang in der Ruhelage befinden.

Aufgaben. Für ein System aus r Massenpunkten $m^{(k)}$ ($k = 1, 2, ..., r$), zwischen denen nur innere Kräfte F_{kl} von $m^{(l)}$ auf $m^{(k)}$ ($k, l = 1, 2, ..., r$) wirken, formuliere man

27. den Impulserhaltungssatz,

28. den Schwerpunktsatz.

§ 15. Anwendungen

Nachdem wir die wichtigsten Grundgleichungen der diskreten Mechanik aufgestellt haben, wollen wir jetzt an Hand von zwei einfachen Beispielen zeigen, wie mit ihrer Hilfe mechanische Aufgaben gelöst werden können. Auf weitere Beispiele werden wir in § 24 zurückkommen.

Der Wurf. Ein als Massenpunkt gedachter Körper werde zur Zeit $t_0 = 0$ am Ort $s_0 = 0$ mit der Anfangsgeschwindigkeit $v_0 > 0$ senkrecht nach oben geworfen. Nach dem Abwurf möge auf den Körper nur die *Schwerkraft* mit der konstanten *Erdbeschleunigung g* wirken, während vom Luftwiderstand und allen sonstigen möglichen Einwirkungen abgesehen werden soll. Bei senkrecht nach oben gerichteter s-Achse haben wir zu berücksichtigen, daß die Schwerkraft in die entgegengesetzte Richtung wirkt, also die Beschleunigung $a_n = -g$ für alle n lautet. Damit erhalten wir aus (13.5) die Gleichung $v_n - v_{n-1} = -g(t_n - t_{n-1})$, aus der durch Summation (vgl. § 3) wegen $t_0 = 0$

$$v_n = v_0 - g t_n \tag{15.1}$$

hervorgeht. Setzen wir diesen Ausdruck für v_n in (13.4) ein, so folgt

$$s_n - s_{n-1} = v_0(t_n - t_{n-1}) - \frac{g}{2}(t_n^2 - t_{n-1}^2),$$

und hieraus ergibt sich durch Summation wegen $s_0 = 0$, $t_0 = 0$

$$s_n = v_0 t_n - \frac{g}{2} t_n^2. \tag{15.2}$$

Man beachte, daß beide *Ergebnisse nur von t_n, nicht aber von der Wahl der vorhergehenden Zeitpunkte abhängen*. Die Gleichung (15.1) besagt, daß die Geschwindigkeit *linear* abnimmt, wobei sie zum Zeitpunkt $t_n = v_0/g$ verschwindet und danach ihre Richtung ändert. Die Gleichung (15.2) besagt, daß der Weg eine *quadratische Funktion* der Zeit ist, wobei die *maximale Höhe s* zur Zeit $t_n = v_0/g$ erreicht wird und den Wert

$$s = \frac{v_0^2}{2g} \tag{15.3}$$

besitzt (Abb. 15). Zur Zeit $t_n = 2v_0/g$ ist $s_n = 0$ und damit der Körper wieder am Ausgangspunkt angelangt.

Der harmonische Oszillator. Ein Körper mit der Masse m möge an einer *elastischen Feder* hängen (Abb. 16). Wird der Körper aus der *Ruhelage $s = 0$* um den Weg s entfernt, so lautet die *rücktreibende Kraft*

$$F = -fs, \tag{15.4}$$

wobei f die *Federkonstante* ist, die von der Art und von dem Material der Feder abhängt; f ist positiv, da die Kraft stets zur Ruhelage hin gerichtet ist. Es soll jetzt die Bewegung des Körpers in den äquidistanten Zeitpunkten $t_n = n \Delta t$ berechnet werden, wenn er sich zum Zeitpunkt $t_0 = 0$ in der Ruhelage befindet und ihm durch einen Stoß die Anfangsgeschwindigkeit v_0 erteilt wird.

Durch Elimination der Kraft aus dem Newtonschen Grundgesetz (13.10) und der Gleichung (15.4) zum Zeitpunkt t_n folgt

$$ma_n = -fs_n.$$

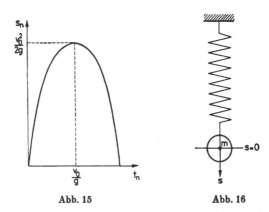

Abb. 15   Abb. 16

Mit Hilfe dieser Gleichung läßt sich aus (13.5) die Beschleunigung eliminieren, wobei

$$v_n - v_{n-1} = -\frac{f}{2m}(s_n + s_{n-1})\,\Delta t \tag{15.5}$$

und nach einer Indexverschiebung

$$v_{n-1} - v_{n-2} = -\frac{f}{2m}(s_{n-1} + s_{n-2})\,\Delta t$$

entsteht. Durch Addition der beiden vorhergehenden Gleichungen folgt

$$v_n - v_{n-2} = -\frac{f}{2m}(s_n + 2s_{n-1} + s_{n-2})\,\Delta t. \tag{15.6}$$

Andererseits ergibt sich aus der Gleichung (13.4), d. h.

$$s_n - s_{n-1} = \frac{1}{2}(v_n + v_{n-1})\,\Delta t, \tag{15.7}$$

nach Indexverschiebung die Gleichung

$$s_{n-1} - s_{n-2} = \frac{1}{2} (v_{n-1} + v_{n-2}) \Delta t$$

und durch Differenzbildung aus diesen beiden Beziehungen

$$s_n - 2s_{n-1} + s_{n-2} = \frac{1}{2} (v_n - v_{n-2}) \Delta t$$

und daher unter Berücksichtigung von (15.6)

$$s_n - 2s_{n-1} + s_{n-2} = -\frac{f}{4m} (s_n + 2s_{n-1} + s_{n-2}) (\Delta t)^2,$$

so daß wir jetzt auch die Geschwindigkeit eliminiert haben. Mit der Abkürzung

$$\varrho = \frac{f}{4m} (\Delta t)^2 \tag{15.8}$$

läßt sich diese Gleichung in der Form

$$(1 + \varrho) s_n - 2(1 - \varrho) s_{n-1} + (1 + \varrho) s_{n-2} = 0$$

oder

$$s_n - 2 \frac{1 - \varrho}{1 + \varrho} s_{n-1} + s_{n-2} = 0 \tag{15.9}$$

schreiben. Zur Berechnung des Anfangswertes s_1 benutzen wir jetzt die Gleichungen (15.5) und (15.7) für $n = 1$, die wegen $s_0 = 0$

$$v_1 - v_0 = -\frac{f \Delta t}{2m} s_1, \qquad s_1 = \frac{\Delta t}{2} (v_1 + v_0)$$

lauten. Hieraus entsteht durch Elimination von v_1 mit der Abkürzung (15.8)

$$s_1 = \frac{\Delta t v_0}{1 + \varrho}. \tag{15.10}$$

Wegen $\varrho > 0$ ist

$$\left| \frac{1 - \varrho}{1 + \varrho} \right| < 1,$$

so daß die Gleichung (15.9) die Gestalt (8.6) mit

$$\cos \omega = \frac{1 - \varrho}{1 + \varrho} = \frac{4m - f(\Delta t)^2}{4m + f(\Delta t)^2} \tag{15.11}$$

5*

besitzt. Wählen wir $0 < \omega < \pi$, so läßt sich der Anfangswert (15.10) wegen

$$\sin \omega = \sqrt{1 - \cos^2 \omega} = \frac{1}{1 + \varrho} \sqrt{(1 + \varrho)^2 - (1 - \varrho)^2} = \frac{2\sqrt{\varrho}}{1 + \varrho}$$

auch in der Form

$$s_1 = \frac{\Delta t v_0}{2\sqrt{\varrho}} \sin \omega = \sqrt{\frac{m}{f}} \, v_0 \sin \omega \qquad (15.12)$$

schreiben. Damit lautet die Lösung von (15.9) mit den Anfangswerten $s_0 = 0$ und (15.12) nach (8.7)

$$s_n = \sqrt{\frac{m}{f}} \, v_0 \sin \omega n. \qquad (15.13)$$

Der Körper vollführt also eine *harmonische Schwingung um die Ruhelage.* Nach (15.11) ist zwar die Frequenz dieser Schwingung von der gewählten Zeitdifferenz Δt abhängig, aber die *Amplitude ist von dieser Wahl unabhängig.*

Aufgaben. 29. Man zeige, daß (15.13) für hinreichend kleine Δt näherungsweise durch

$$s_n \approx \sqrt{\frac{m}{f}} \, v_0 \sin \sqrt{\frac{f}{m}} \, t_n$$

ersetzt werden kann.

30. Man berechne die Bewegung des harmonischen Oszillators, wenn der Körper sich zur Zeit $t_0 = 0$ in der Anfangslage $s_0 \neq 0$ befindet und die Anfangsgeschwindigkeit $v_0 = 0$ ist.

§ 16. Zuverlässigkeit von Maschinen

Ein Ereignis heißt *zufällig*, wenn es zwar kausal bedingt ist, aber nicht mit Notwendigkeit eintreten muß. Als Maß für die Sicherheit des Eintretens eines zufälligen Ergebnisses hat man die *Wahrscheinlichkeit* p mit $0 \leqq p \leqq 1$ eingeführt. Einem Ereignis, das wahrscheinlicher ist als ein anderes, wird dabei eine größere Maßzahl zugeordnet. Die Grenzfälle sind das *unmögliche Ereignis* mit der Wahrscheinlichkeit $p = 0$ und das *sichere Ereignis* mit der Wahrscheinlichkeit $p = 1$. Führt man eine Reihe von n Versuchen unter gleichbleibenden Bedingungen durch, bei denen ein bestimmtes Ereignis E eintreten kann, so hat die Aussage „*die Wahrscheinlichkeit des Ereignisses E ist p*" die konkrete Bedeutung, daß E in dieser Versuchsreihe ungefähr np-mal eintritt, falls n hinreichend groß ist.

Für die Wahrscheinlichkeitsrechnung sind die folgenden beiden Sätze von grundlegender Bedeutung.

Additionssatz. *Sind p_1 und p_2 die Wahrscheinlichkeiten zweier sich ausschließender Ereignisse E_1, E_2, also zweier Ereignisse, die nicht gleichzeitig eintreten können, so lautet die Wahrscheinlichkeit p für das Ereignis „E_1 oder E_2 tritt ein", also die Wahrscheinlichkeit dafür, daß wenigstens eines der Ereignisse E_1, E_2 eintritt,*

$$p = p_1 + p_2. \tag{16.1}$$

Multiplikationssatz. *Ist E_1 ein Ereignis mit der Wahrscheinlichkeit p_1 und tritt das Ereignis E_2 unter der Bedingung, daß E_1 bereits eingetreten ist, mit der Wahrscheinlichkeit p_2 auf, so lautet die Wahrscheinlichkeit p für das Ereignis „sowohl E_1 tritt ein als auch E_2", also die Wahrscheinlichkeit dafür, daß beide Ereignisse E_1, E_2 gleichzeitig eintreten,*

$$p = p_1 p_2. \tag{16.2}$$

Eine einfache Folgerung aus dem Additionssatz bezieht sich auf

Das komplementäre Ereignis. Zu einem Ereignis E definiert man als *komplementäres Ereignis $\bar{E}$* das Ereignis „nicht E". Nach dem Additionssatz lautet die Wahrscheinlichkeit $\bar{p}$ für $\bar{E}$

$$\bar{p} = 1 - p, \tag{16.3}$$

da E und $\bar{E}$ unvereinbar sind und „E oder $\bar{E}$" das sichere Ereignis ist. Durch wiederholte Anwendung von (16.1) ergibt sich weiterhin:

Die Laplacesche Formel. *Sind bei einem Versuch genau n sich gegenseitig ausschließende Ereignisse $E_1, \ldots, E_n$ möglich, die alle gleichwahrscheinlich sind, werden von diesen m bestimmte Ereignisse ausgewählt und ist E das Ereignis dafür, daß genau eines dieser m Ereignisse eintritt, so lautet die Wahrscheinlichkeit p für E*

$$p = \frac{m}{n}. \tag{16.4}$$

Als Anwendung der Wahrscheinlichkeitstheorie wollen wir die *Zuverlässigkeit* einer einsatzbereiten *Maschine* untersuchen, d. h. ihre Eigenschaft, einwandfrei zu arbeiten. Fällt die Maschine aus, so soll sie durch eine *Reparatur* wieder in den ursprünglichen einsatzbereiten Zustand versetzt werden. Vom Zeitpunkt $t_0 = 0$ an beobachten wir die Maschine in den Zeitpunkten $t_n = n\varDelta t$ mit äquidistantem Abstand $\varDelta t = t_n - t_{n-1}$. Unter der Voraussetzung, daß die *Maschine im Zeitpunkt t_{n-1} arbeitet*, sei p die *Wahrscheinlichkeit dafür, daß die Maschine auch im Zeitpunkt t_n noch arbeitet*. Unter der Voraussetzung, daß *die Maschine im Zeitpunkt t_{n-1} nicht arbeitet, sei q die Wahrscheinlichkeit dafür, daß die Maschine auch im Zeitpunkt t_n noch nicht wieder arbeitsbereit ist.* Dabei setzen wir voraus, daß die soeben definierten Wahrscheinlichkeiten p und q nur vom Zeitintervall $\varDelta t$, aber nicht von dem speziellen Zeitpunkt t_{n-1} abhängen. Dies bedeutet insbesondere, daß wir die Stillstandszeiten, in denen die Maschine weder arbeitet noch repariert wird, aus der Betrachtung ausschließen.

Weiterhin sei p_n *die Wahrscheinlichkeit dafür, daß die Maschine im Zeitpunkt t_n arbeitet,* dann ist nach (16.3) die Wahrscheinlichkeit dafür, daß die Maschine im Zeitpunkt t_n nicht arbeitet, gleich $1 - p_n$. Wir wollen uns jetzt überlegen, daß p_n die Lösung des *Anfangswertproblems*

$$p_n = (p + q - 1)\, p_{n-1} + (1 - q), \qquad p_0 = 1 \qquad (16.5)$$

ist. Die Anfangsbedingung $p_0 = 1$ ergibt sich aus der Voraussetzung, daß die Maschine im Zeitpunkt t_0 arbeitet, p_0 also die Wahrscheinlichkeit für das sichere Ereignis ist. Das Ereignis „*die Maschine arbeitet im Zeitpunkt t_{n-1} sowie im anschließenden Zeitintervall bis t_n*" hat nach (16.2) die Wahrscheinlichkeit $p p_{n-1}$. Das Ereignis „*die Maschine arbeitet im Zeitpunkt t_{n-1} nicht, wird aber im anschließenden Zeitintervall bis t_n in den arbeitsbereiten Zustand versetzt*" hat nach (16.2) die Wahrscheinlichkeit $(1 - q)\,(1 - p_{n-1})$. Das Ereignis „*die Maschine arbeitet im Zeitpunkt t_n*" mit der Wahrscheinlichkeit p_n tritt ein, wenn eines der beiden zuvor genannten sich ausschließenden Ereignisse eintritt; daher gilt nach dem Additionssatz

$$\begin{aligned} p_n &= p p_{n-1} + (1 - q)\,(1 - p_{n-1}) \\ &= (p + q - 1)\, p_{n-1} + (1 - q), \end{aligned} \qquad (16.6)$$

was zu beweisen war.

Für $n = 1, 2, 3$ folgen aus der ersten Gleichung von (16.6) wegen $p_0 = 1$ die Werte

$$p_1 = p, \quad p_2 = p^2 + (1 - q)\,(1 - p),$$

$$p_3 = p^3 + p(1 - q)\,(1 - p) + (1 - q)\,(1 - p)\, p + (1 - q)\, q(1 - p),$$

wobei wir bei der Berechnung von p_3 die Umformung

$$1 - p_2 = (1 - p)\, p + q(1 - p)$$

benutzt haben. Dieselben Werte kann man auch unter Beachtung des Additions- und des Multiplikationssatzes aus dem *Zustandsgraphen* der Abb. 17 ablesen, bei dem A „*die Maschine arbeitet*" und N „*die Maschine arbeitet nicht*" bedeutet. An den Kanten wurden die *Übergangswahrschein-*

lichkeiten notiert, mit denen man die Wahrscheinlichkeit des vorhergehenden Zustands multiplizieren muß, um die Wahrscheinlichkeit des nächsten Zustands zu erhalten.

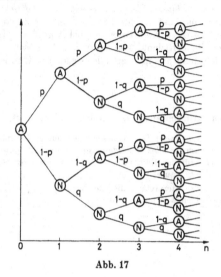

Abb. 17

Durch Spezialisierung von (5.9) mit $y_n = p_n$, $y_0 = 1$

$$p_n = a^n + b\,\frac{1 - a^n}{1 - a} = \frac{b}{1 - a} + \frac{1 - a - b}{1 - a}\,a^n$$

auf den vorliegenden Fall $a = p + q - 1$, $b = 1 - q$ können wir die Lösung des Anfangswertproblems (16.5) aber auch in der geschlossenen Form

$$p_n = \frac{1 - q}{2 - p - q} + \frac{1 - p}{2 - p - q}\,(p + q - 1)^n \qquad (16.7)$$

angeben. Aus $0 < p < 1$ und $0 < q < 1$ folgt $-1 < p + q - 1 < 1$, so daß der zweite Summand auf der rechten Seite von (16.7) beliebig klein wird (vgl. § 12). Damit erhalten wir für hinreichend große n näherungsweise den von n unabhängigen Wert $p_n \approx k$ mit

$$k = \frac{1 - q}{2 - p - q}, \qquad (16.8)$$

der *Bereitschaftskoeffizient* genannt wird. Die Aussage $p_n \approx k$ bedeutet, daß die Maschine in großen Zeiträumen etwa im k-ten Teil des Zeitraums arbeitet. Aus diesem Grunde ist der Bereitschaftskoeffizient eine wichtige Kennziffer für die *Qualität* der Maschine sowie für die *Effektivität* der Reparaturarbeit, und man hat in der Praxis durch geeignete Maßnahmen dafür zu sorgen, daß diese Kennziffer möglichst groß ist. Im Fall $p = q$ hat der Bereitschaftskoeffizient den Wert $k = 1/2$. Eine Vergrößerung erreicht man, indem man p vergrößert oder wegen der Umformung

$$k = 1 - \frac{1 - p}{2 - p - q}$$

q verkleinert, was natürlich auch anschaulich völlig klar ist.

Aufgaben. 31. Man beweise: Die Wahrscheinlichkeit q_n für das Ereignis „*die Maschine hat im Zeitraum von 0 bis t_n mindestens einen Ausfall*" lautet $q_n = 1 - p^n$, die Wahrscheinlichkeit für das Ereignis „*die Maschine hat ihren ersten Ausfall im Zeitintervall von t_{n-1} bis t_n*" lautet $p^{n-1} - p^n$.

32. Man beweise und interpretiere die Gleichung $q_n - q_m = (1 - q_m) q_{n-m}$ für beliebige natürliche Zahlen m, n mit $m < n$.

Zweiter Teil. Große Gleichungssysteme

Will man die vielschichtigen Zusammenhänge, die in den Naturwissenschaften, der Technik, der Ökonomie oder der Landwirtschaft herrschen, mathematisch möglichst genau erfassen, so muß man sie durch Systeme von vielen Gleichungen mit vielen Unbekannten beschreiben. Mit der Auflösung von solchen großen Gleichungssystemen wollen wir uns jetzt befassen, wobei wir uns natürlich auf besonders übersichtliche Spezialfälle beschränken, die aber schon einige wesentliche Erscheinungen erkennen lassen. Theoretisch lassen sich die Lösungsmethoden für zwei Gleichungen mit zwei Unbekannten, die wir in § 11 kennengelernt haben, auch auf größere Gleichungssysteme übertragen; dies ist beispielsweise in dem Buch K.-D. DREWS [9] ausführlich dargestellt worden. Bei der praktischen Durchführung der Rechnungen treten aber eigentümliche Schwierigkeiten auf, die hauptsächlich daher kommen, daß bei den Zwischenrechnungen die Rundungsfehler so stark anwachsen können, daß ein völlig falsches Endergebnis entsteht. Aus diesem Grunde ist man gezwungen, neue Lösungsverfahren zu entwickeln, die sich auch bei großen Gleichungssystemen bewähren.

Im folgenden wollen wir vorwiegend auf Systeme der Form

$$
\begin{aligned}
a_1 z_1 + c_1 z_2 &= f_1, \\
b_2 z_1 + a_2 z_2 + c_2 z_3 &= f_2, \\
b_3 z_2 + a_3 z_3 + c_3 z_4 &= f_3, \\
\cdot\ \cdot\ \cdot\ \cdot\ \cdot\ \cdot\ \cdot\ \cdot\ \cdot\ \cdot\ \cdot\ \cdot \\
b_{N-2} z_{N-3} + a_{N-2} z_{N-2} + c_{N-2} z_{N-1} &= f_{N-2}, \\
b_{N-1} z_{N-2} + a_{N-1} z_{N-1} + c_{N-1} z_N &= f_{N-1}, \\
b_N z_{N-1} + a_N z_N &= f_N
\end{aligned}
$$

von N Gleichungen mit N Unbekannten $z_1, z_2, \ldots, z_N$ eingehen, wobei a_n, b_n, c_n, f_n für $n = 1, 2, \ldots, N$ vorgegebene reelle Zahlen sind (b_1 und c_N treten zunächst noch nicht auf) und N eine ebenfalls vorgegebene natürliche Zahl größer als 1 ist. Die Besonderheit bei diesen Systemen besteht darin, daß in den einzelnen Gleichungen nicht alle Unbekannten vorkommen, sondern höchstens drei mit benachbarten Indizes, so daß man sie auch *tridiagonale Systeme* nennt. Die Zahl N kann in der Praxis die Größenordnung von 100, 1000 oder auch 10000 haben. Zunächst werden wir für solche Gleichungssysteme einfache Beispiele und Lösungsmethoden kennenlernen, bei denen N eine beliebige natürliche Zahl, insbesondere also auch eine kleine Zahl wie etwa $N = 3$ (und im Grenzfall sogar $N = 1$) sein kann. Danach werden wir uns mit den bereits erwähnten Schwierigkeiten für große N befassen. Den Abschluß bilden etwas kompliziertere Beispiele und einige Ansatzpunkte für eine abstraktere Darstellung mit Hilfe von Operatoren. Einen gewissen Überblick über allgemeine Operatormethoden findet man in [6] und [7].

V. Randwertprobleme

Das zuvor angeführte Gleichungssystem läßt sich auch als *Differenzengleichung*

$$c_n z_{n+1} + a_n z_n + b_n z_{n-1} = f_n,$$

$n = 1, 2, \ldots, N$, schreiben, wenn man noch zusätzlich

$$z_0 = 0, \qquad z_{N+1} = 0$$

fordert. Die letzten beiden Bedingungen nennt man *Randbedingungen*, und das Problem, die Differenzengleichung unter den angegebenen Randbedingungen zu lösen, ein *Randwertproblem*. Im Unterschied zu den in § 6 und § 7 behandelten Anfangswertproblemen, bei denen in der jetzigen Bezeichnungsweise die Anfangswerte z_0, z_1 vorzugeben sind und man aus diesen und der Differenzengleichung im Fall $c_n \neq 0$ die nächsten Werte $z_2, z_3, \ldots$ rekursiv berechnen kann, ist beim Randwertproblem die Berechnung der z_n nur unter Berücksichtigung *aller* Gleichungen möglich. Trotz dieses Unterschieds lassen sich aber auch bei der Lösung von Randwertproblemen einige der zuvor erhaltenen Ergebnisse nutzbringend verwenden. Bei der Behandlung von Randwertproblemen ist es zweckmäßig, die vorhergehende Zahl N durch $N - 1$ zu ersetzen.

§ 17. Beispiele

Zunächst wollen wir auf zwei Beispiele eingehen, die in natürlicher Weise auf Randwertprobleme und damit auf Gleichungssysteme führen. Diese Beispiele knüpfen unmittelbar an die Anwendungen des vorhergehenden Abschnitts an.

Eine Irrfahrt. Bei der mikroskopischen Beobachtung kleinster Teilchen in einer Flüssigkeit oder in einem Gas erkennt man die *Brownsche Molekularbewegung*. Diese ist eine zufällige Bewegung, die auch *Irrfahrt* genannt wird.

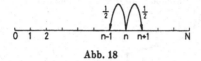

Abb. 18

Wir betrachten eine Irrfahrt unter folgenden idealisierten Annahmen: *Ein Teilchen möge sich auf den ganzzahligen Punkten $n = 0, 1, 2, \ldots, N$ einer Geraden zufällig bewegen, wobei es von einem Punkt n mit $0 < n < N$ zu den benachbarten Punkten $n - 1$ bzw. $n + 1$ jeweils mit der Wahrscheinlichkeit $1/2$ übergehen möge* (Abb. 18), *bis es bei einem der Endpunkte 0 bzw. N angekommen ist, wo die Irrfahrt beendet sein soll* (absorbierender Rand). Es sei p_n die Wahrscheinlichkeit dafür, daß das Teilchen, vom Punkt n ausgehend, nach endlich vielen Schritten den Punkt 0 erreicht. Da p_0 die Wahrscheinlichkeit für das sichere Ereignis, p_N die Wahrscheinlichkeit für das unmögliche Ereignis ist, gelten nach § 16 die Randbedingungen

$$p_0 = 1, \qquad p_N = 0. \tag{17.1}$$

Für $0 < n < N$ finden wir mit Hilfe des Additions- und des Multiplikationssatzes ähnlich wie bei der Herleitung von (16.6) die Beziehung

$$p_n = \frac{1}{2} \, (p_{n-1} + p_{n+1}), \tag{17.2}$$

aus der durch Umstellung

$$p_{n+1} - 2p_n + p_{n-1} = 0$$

hervorgeht. Nach (7.12) mit $a = -2$ hat diese Gleichung die allgemeine Lösung

$$p_n = c_1 + c_2 n, \tag{17.3}$$

und die spezielle Lösung, die zugleich den Randbedingungen (17.1) genügt, lautet

$$p_n = 1 - \frac{n}{N}$$

(Abb. 19). Dieses Ergebnis ist sehr anschaulich. Ist beispielsweise N eine gerade Zahl und wählen wir $n = N/2$, also den Mittelpunkt des Intervalls

$(0, N)$, so ist $p_n = 1 - p_n = 1/2$, d. h., beide Endpunkte werden mit
gleicher Wahrscheinlichkeit erreicht. Auch die Tatsache, daß die Lösungs-
punkte der Differenzengleichung (17.2) wie in Abb. 19 stets auf einer Geraden liegen, kann man sich leicht ohne Rechnung überlegen. Die Gleichung (17.2) besagt nämlich, daß der Funktionswert p_n an einer beliebigen

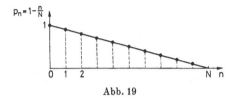

Abb. 19

Stelle n gleich dem *arithmetischen Mittel* aus den Funktionswerten an den
beiden Nachbarstellen $n - 1$ und $n + 1$ ist, und nur eine lineare Funktion,
d. h. eine Gerade, besitzt diese Eigenschaft.

Eigenwertprobleme. Eine spezielle Klasse von Randwertproblemen bilden
die *homogenen Randwertprobleme*, bei denen sowohl die Differenzengleichung
als auch die Randbedingungen homogen sind. Solche homogenen Probleme
besitzen stets die (identisch verschwindende) *triviale Lösung*. Eine *nichttriviale Lösung* eines homogenen Randwertproblems heißt eine *Eigenfunktion*. Eigenfunktionen sind nicht eindeutig bestimmt, sondern stets nur
bis auf einen konstanten Faktor (vgl. § 7, 4^0). Im allgemeinen existieren
keine Eigenfunktionen. Kommt jedoch in der Gleichung oder den Randbedingungen ein Parameter vor, der sogenannte Eigenwertparameter μ,
so kann es sein, daß es für spezielle Werte dieses Parameters Eigenfunktionen gibt. Diese Werte heißen dann die *Eigenwerte* des Problems.
Die Berechnung von Eigenwerten ist von großer technischer Bedeutung,
da Eigenwerte in der Regel kritische Werte sind, bei denen eine unerwünschte
Abweichung vom Normalfall eintritt, während die triviale Lösung die Ruhelage kennzeichnet. Beispielsweise lassen sich kritische Drehzahlen eines
Motors, bei denen *Resonanz* auftritt und es somit zu einer Resonanz-
katastrophe kommen kann, oder kritische Lasten, bei denen die Stabilität
eines Tragwerkes nicht mehr gewährleistet ist und es zusammenbrechen
kann, aus einem Eigenwertproblem berechnen. Da uns die Einzelheiten
eines solchen technischen Beispiels hier zu weit führen würden, wollen wir
uns mit einem rein mathematischen Beispiel begnügen, ohne den Zusammenhang mit praktischen Anwendungen genauer herauszuarbeiten.
Gegeben sei das *Eigenwertproblem*

$$z_{n+1} - (2 - \mu)\, z_n + z_{n-1} = 0, \qquad z_0 = z_N = 0. \qquad (17.4)$$

Im Fall $0 < \mu < 4$ ist die Differenzengleichung vom Typ (8.6), so daß nach (8.7) ihre allgemeine Lösung

$$z_n = c_1 \cos \omega n + c_2 \sin \omega n$$

mit $\cos \omega = 1 - \mu/2$ lautet, wobei wir ω auf das Intervall $0 < \omega < \pi$ einschränken können, da die übrigen Werte für ω nichts Neues liefern. Wegen $z_0 = c_1$ folgt aus der ersten Randbedingung in (17.4) $c_1 = 0$. Die zweite Randbedingung $z_N = 0$ ist daher erfüllt, wenn $c_2 \sin \omega N = 0$ ist. Dies kann auf zwei verschiedene Arten möglich sein. Erstens kann auch $c_2 = 0$ sein; dann ist $z_n = 0$ für alle n, und wir erhalten die triviale Lösung. Da wir eine nichttriviale Lösung suchen, bleibt zweitens nur der Fall übrig, daß $\sin \omega N = 0$ ist. Diese Gleichung hat die Lösung

$$\omega_k = \frac{\pi}{N} k$$

mit ganzzahligem k, doch benötigen wir wegen der Einschränkung $0 < \omega_k < \pi$ nur die Werte $k = 1, 2, \ldots, N-1$. Wegen $\mu = 2(1 - \cos \omega)$ und $1 - \cos \omega = 2 \sin^2 \omega/2$ haben wir somit die $N-1$ *Eigenwerte*

$$\mu_k = 4 \sin^2 \left(\frac{\pi k}{2N} \right), \qquad (17.5)$$

$k = 1, 2, \ldots, N-1$, gefunden, zu denen die $N-1$ *Eigenfunktionen*

$$z_n^{(k)} = \sin \left(\frac{\pi}{N} kn \right) \qquad (17.6)$$

gehören, wenn wir etwa $c_2 = 1$ setzen, da es auf die Konstante c_2 nicht ankommt. Die fünf Eigenfunktionen im Fall $N = 6$ sind in Abb. 20 dargestellt worden.

Abschließend wollen wir uns davon überzeugen, daß es *außer den Eigenwerten* (17.5) *keine weiteren gibt*. Im Fall $\mu = 0$ hat die in (17.4) auftretende Differenzengleichung wie in (17.3) die allgemeine Lösung $z_n = c_1 + c_2 n$, die aber nur im Fall $c_1 = c_2 = 0$ die Randbedingungen $z_0 = z_N = 0$ erfüllt. Im Fall $\mu = 4$ hat die Differenzengleichung

$$z_{n+1} + 2z_n + z_{n-1} = 0$$

wegen (7.12) mit $a = 2$ die allgemeine Lösung $z_n = (c_1 + c_2 n)(-1)^n$, die aber die Randbedingungen ebenfalls nur für $c_1 = c_2 = 0$ erfüllen kann. In den übrigen Fällen hat die charakteristische Gleichung (6.4) mit $a = \mu - 2$, $b = 1$ wegen $a^2 - 4b = \mu^2 - 4\mu > 0$ zwei verschiedene reelle Lösungen $\lambda_1, \lambda_2 \neq 1, -1$, so daß die Differenzengleichung nach (7.9) die

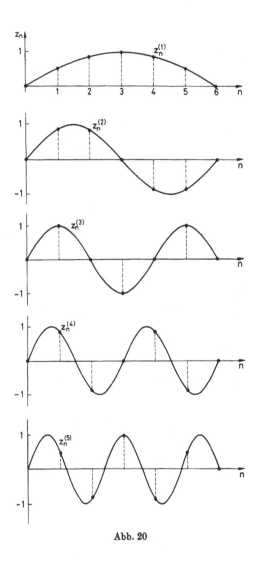

Abb. 20

allgemeine Lösung

$$z_n = c_1 \lambda_1{}^n + c_2 \lambda_2{}^n$$

besitzt. Damit die Randbedingungen erfüllt sind, muß

$$c_1 + c_2 = 0, \qquad c_1 \lambda_1{}^N + c_2 \lambda_2{}^N = 0$$

und somit $c_1(\lambda_1{}^N - \lambda_2{}^N) = 0$ gelten. Für zwei verschiedene reelle Zahlen $\lambda_1, \lambda_2 \neq 1, -1$ kann aber niemals $\lambda_1{}^N = \lambda_2{}^N$ sein, so daß $c_1 = 0$ und damit auch $c_2 = 0$ folgt. Damit haben wir gezeigt, daß das *Randwertproblem* (17.4) *außerhalb des Intervalls* $0 < \mu < 4$ *nur die triviale Lösung besitzt.*

Aufgabe 33. Man löse das Eigenwertproblem

$$z_{n+1} - (2 - \mu) z_n + z_{n-1} = 0, \qquad z_1 = \left(1 - \frac{\mu}{2}\right) z_0, \qquad z_N = 0.$$

§ 18. Variable Koeffizienten

Wir wenden uns jetzt dem allgemeinen Fall des auf S. 74 beschriebenen *Randwertproblems*

$$z_{n+1} + a_n z_n + b_n z_{n-1} = f_n \tag{18.1}$$

für $n = 1, 2, \ldots, N - 1$ mit $z_0 = z_N = 0$ zu, wobei wir ohne Beschränkung der Allgemeinheit den Koeffizienten von z_{n+1} gleich 1 gesetzt haben, da man andernfalls die Gleichung nur durch ihn zu kürzen braucht. bzw. N verkleinern kann. Dabei setzen wir $b_n \neq 0$ für alle n voraus.

Die Wronskische Funktion. Zur bequemeren Ermittlung der Lösung von (18.1) ist es zweckmäßig, die durch

$$w_n = x_n y_{n+1} - x_{n+1} y_n \tag{18.2}$$

definierte *Wronskische Funktion* w_n einzuführen, die aus zwei Lösungen x_n, y_n der zu (18.1) gehörenden homogenen Gleichung gebildet wird. Es gilt also

$$x_{n+1} + a_n x_n + b_n x_{n-1} = 0, \qquad y_{n+1} + a_n y_n + b_n y_{n-1} = 0. \tag{18.3}$$

Multiplizieren wir die erste dieser Gleichungen mit $-y_n$ und die zweite mit x_n, so folgt nach Addition der entstehenden Gleichungen unter Beachtung von (18.2)

$$w_n = b_n w_{n-1}.$$

Hieraus ist ersichtlich: *Ist* $w_0 = 0$, *so ist auch* $w_n = 0$ *für alle n. Ist* $w_0 \neq 0$, *so ist wegen* $b_n \neq 0$ *auch* $w_n \neq 0$ *für alle n.* Die Bedingung $w_0 \neq 0$ ist nichts anderes als die Bedingung (7.4) in anderer Schreibweise.

Um uns festzulegen, wählen wir für x_n und y_n die speziellen Lösungen von (18.3), die den Anfangsbedingungen

$$x_0 = 0, \quad x_1 = 1; \quad y_N = 0, \quad y_{N-1} = 1 \tag{18.4}$$

genügen. Mit diesen Bedingungen sind x_n und y_n durch rekursive Auflösung von (18.3) nach „rechts" bzw. nach „links" eindeutig bestimmt. Durch Einsetzen von (18.4) in (18.2) folgt

$$w_0 = -y_0, \quad w_{N-1} = -x_N.$$

Im Fall $y_0 = 0$ ist y_n wegen (18.4) eine Eigenfunktion, und Entsprechendes gilt dann auch für x_n. Im folgenden wollen wir daher voraussetzen, daß das homogene Randwertproblem keine Eigenfunktion besitzt.

Die Greensche Funktion. Zur Lösung des Randwertproblems (18.1) mit $z_0 = z_N = 0$ suchen wir jetzt eine Funktion g_{nm} von zwei ganzzahligen Veränderlichen n, m, mit deren Hilfe die Lösung z_n für eine beliebige rechte Seite f_n in der Form

$$z_n = \sum_{m=1}^{N-1} g_{nm} f_m \tag{18.5}$$

dargestellt werden kann. Eine solche Funktion g_{nm} (vgl. S. 9) heißt die *Greensche Funktion* des Randwertproblems. Sie ist durch folgende Eigenschaften *eindeutig bestimmt*:

$1^0.$ $g_{0m} = g_{Nm} = 0$ für $m = 1, 2, \ldots, N - 1$,

$2^0.$ $g_{n+1,m} + a_n g_{nm} + b_n g_{n-1,m} = \delta_{nm}$

für alle n, m, wobei δ_{nm} das Kroneckersymbol

$$\delta_{nm} = \begin{cases} 1 & \text{für} \quad n = m, \\ 0 & \text{für} \quad n \neq m \end{cases} \tag{18.6}$$

ist.

Beweis. Aus (18.5) erkennt man für $n = 0$ bzw. $n = N$, daß die Randbedingungen $z_0 = z_N = 0$ genau dann für beliebige f_n erfüllt sind, wenn 1^0 gilt. Durch Einsetzen von (18.5) in die linke Seite von (18.1) ergibt sich

$$z_{n+1} + a_n z_n + b_n z_{n-1} = \sum_{m=1}^{N-1} (g_{n+1,m} + a_n g_{nm} + b_n g_{n-1,m}) f_m,$$

und dieser Ausdruck ist für beliebige f_n genau dann gleich f_n, wenn 2^0 gilt. Die Eindeutigkeit der Greenschen Funktion folgt schließlich daraus, daß die Differenz zweier Greenscher Funktionen wegen 1^0 und 2^0 bei jedem festen m eine Lösung des zugehörigen homogenen Randwertproblems ist, letzteres aber nach Voraussetzung nur die triviale Lösung besitzt.

Nach diesen Vorbereitungen zeigen wir, daß mit den vorhergehenden Bezeichnungen

$$g_{nm} = \begin{cases} \dfrac{x_n y_m}{w_m} & \text{für} \quad n \leq m, \\[2ex] \dfrac{y_n x_m}{w_m} & \text{für} \quad n \geq m \end{cases} \tag{18.7}$$

eine *explizite Darstellung* für die gesuchte Greensche Funktion ist.

Beweis. Für $n = 0$ und $n = N$ ist 1^0 offenbar wegen (18.4) erfüllt. Für $n \neq m$ ist wegen (18.3) auch 2^0 erfüllt, wobei die Fälle $n < m$ und $n > m$ zu unterscheiden sind. Für $n = m$ folgt schließlich durch Einsetzen von (18.7) in die linke Seite von 2^0 unter Beachtung von (18.3) und (18.2)

$$g_{n+1,n} + a_n g_{nn} + b_n g_{n-1,n} = \frac{1}{w_n} \left(y_{n+1} x_n + (a_n x_n + b_n x_{n-1}) y_n \right)$$

$$= \frac{1}{w_n} \left(y_{n+1} x_n - x_{n+1} y_n \right) = 1,$$

und da für $n = m$ die beiden Gleichungen in (18.7) dasselbe besagen, ist alles gezeigt.

Zusammenfassend stellen wir fest, daß (18.5) mit (18.7) *für beliebige rechte Seiten f_n eine Lösung des Randwertproblems* (18.1) *mit $z_0 = z_N = 0$ ist.* Suchen wir eine Lösung der Gleichung (18.1) unter den Randbedingungen

$$z_0 = \alpha, \qquad z_N = \beta, \tag{18.8}$$

wobei α und β beliebig vorgegebene Zahlen sind, so können wir diesen Fall dadurch auf den vorhergehenden zurückführen, daß wir f_1 durch $f_1 - b_1 \alpha$ sowie f_{N-1} durch $f_{N-1} - \beta$ ersetzen und wieder die Lösung mit verschwindenden Randwerten bestimmen.

Aufgabe 34. Man berechne die Zahlen (18.7) im Fall $N = 3$.

§ 19. Konstante Koeffizienten

Die vorhergehenden Ergebnisse sollen jetzt auf den Fall

$$z_{n+1} + a z_n + b z_{n-1} = f_n, \tag{19.1}$$

$n = 1, 2, \ldots, N - 1$, spezialisiert werden, bei dem also die Koeffizienten a_n und b_n in (18.1) vom Index n unabhängig sind. Wir beschränken uns dabei auf den Fall $a^2 \geqq 4b$, in dem die zugehörige charakteristische Gleichung (6.4), d. h. die Gleichung

$$\lambda^2 + a\lambda + b = 0,$$

zwei reelle Wurzeln λ_1, λ_2 besitzt, und setzen außer $b \neq 0$ auch noch $a \neq 0$ voraus.

Zwei verschiedene Wurzeln. Im Fall $a^2 > 4b$ sind die Wurzeln (6.5) voneinander (und wegen $b \neq 0$ auch von Null) verschieden, und die zugehörige homogene Gleichung

$$z_{n+1} + az_n + bz_{n-1} = 0 \tag{19.2}$$

hat nach (7.9) die allgemeine Lösung (vgl. S. 8)

$$z_n = c_1 \lambda_1{}^n + c_2 \lambda_2{}^n. \tag{19.3}$$

Die speziellen Lösungen $z_n = x_n$ und $z_n = y_n$ von (19.2) mit (18.4) lauten damit, wie man durch Berechnung der Koeffizienten c_1, c_2 aus

$$c_1 + c_2 = 0, \quad c_1 \lambda_1 + c_2 \lambda_2 = 1$$

im ersten bzw.

$$c_1 \lambda_1{}^N + c_2 \lambda_2{}^N = 0, \quad c_1 \lambda_1{}^{N-1} + c_2 \lambda_2{}^{N-1} = 1$$

im zweiten Fall leicht nachprüft,

$$x_n = \frac{\lambda_1{}^n - \lambda_2{}^n}{\lambda_1 - \lambda_2}, \quad y_n = \frac{\lambda_1{}^{n-N} - \lambda_2{}^{n-N}}{\lambda_1{}^{-1} - \lambda_2{}^{-1}}. \tag{19.4}$$

Weiterhin folgt aus $w_n = bw_{n-1}$ und $b = \lambda_1 \lambda_2$ die Darstellung

$$w_n = \lambda_1{}^n \lambda_2{}^n w_0 \tag{19.5}$$

und hieraus wegen $w_0 = -y_0$

$$w_n = -\lambda_1{}^n \lambda_2{}^n \frac{\lambda_1{}^{-N} - \lambda_2{}^{-N}}{\lambda_1{}^{-1} - \lambda_2{}^{-1}}. \tag{19.6}$$

Setzen wir (19.4) und (19.6) in (18.7) ein, so erhalten wir nach Kürzung von $-\lambda_1{}^{m-N} \lambda_2{}^{m-N}(\lambda_1{}^{-1} - \lambda_2{}^{-1})$ für $n \leqq m$ bzw. $-\lambda_1{}^m \lambda_2{}^m(\lambda_1{}^{-1} - \lambda_2{}^{-1})$ für $n \geqq m$ das gesuchte *Ergebnis*

$$g_{nm} = \begin{cases} -\dfrac{(\lambda_1{}^n - \lambda_2{}^n)(\lambda_1{}^{N-m} - \lambda_2{}^{N-m})}{(\lambda_1 - \lambda_2)(\lambda_1{}^N - \lambda_2{}^N)} & \text{für} \quad n \leqq m, \\[4mm] \dfrac{(\lambda_1{}^{-m} - \lambda_2{}^{-m})(\lambda_1{}^{n-N} - \lambda_2{}^{n-N})}{(\lambda_1 - \lambda_2)(\lambda_1{}^{-N} - \lambda_2{}^{-N})} & \text{für} \quad n \geqq m. \end{cases} \tag{19.7}$$

Zur Kontrolle können wir den Fall $N = 2$ betrachten, wo wir

$$g_{11} = -\frac{\lambda_1 - \lambda_2}{\lambda_1{}^2 - \lambda_2{}^2} = -\frac{1}{\lambda_1 + \lambda_2} = \frac{1}{a}$$

erhalten und somit aus (18.5) die Lösung $z_1 = f_1/a$ von (19.1) mit $n = 1$ und $z_0 = z_2 = 0$, deren Richtigkeit man sofort bestätigt.

Eine Doppelwurzel. Im Fall $a^2 = 4b$ hat die charakteristische Gleichung (6.4) nach (6.5) die Doppelwurzel $\lambda = -a/2$ und damit die Differenzengleichung (19.2) nach (7.12) die allgemeine Lösung

$$z_n = (c_1 + c_2 n)\,\lambda^n. \tag{19.8}$$

Für die speziellen Lösungen $z_n = x_n$ und $z_n = y_n$ von (19.2) mit (18.4) finden wir daher

$$x_n = n\lambda^{n-1}, \qquad y_n = (N - n)\,\lambda^{n-N+1},$$

und aus (19.5) mit $\lambda_1 = \lambda_2 = \lambda$ folgt wegen $w_0 = -y_0 = -N\lambda^{-N+1}$

$$w_n = -N\lambda^{2n-N+1}.$$

Setzen wir die gefundenen Ausdrücke wieder in (18.7) ein, so ergibt sich diesmal

$$g_{nm} = \begin{cases} -n\left(1 - \dfrac{m}{N}\right)\lambda^{n-m-1} & \text{für} \quad n \leqq m, \\[2mm] -m\left(1 - \dfrac{n}{N}\right)\lambda^{n-m-1} & \text{für} \quad n \geqq m. \end{cases} \tag{19.9}$$

Der Kontrollfall $N = 2$ liefert wie im vorhergehenden Fall das Ergebnis

$$g_{11} = -\frac{1}{2\lambda} = \frac{1}{a}.$$

Die homogene Gleichung. Als Anwendung betrachten wir jetzt den Fall, daß die homogene Gleichung (19.2) bei vorgegebenen Randwerten z_0, z_N aufgelöst werden soll. Nach der letzten Bemerkung im vorhergehenden Paragraphen können wir statt dessen die inhomogene Gleichung (19.1) mit

$$f_1 = -bz_0, \qquad f_{N-1} = -z_N, \qquad f_n = 0 \text{ sonst} \tag{19.10}$$

und verschwindenden Randwerten auflösen.

Im Fall $a^2 > 4b$ ergibt sich daher durch Einsetzen von (19.7) und (19.10) in (18.5) unter Beachtung von $b = \lambda_1\lambda_2$ für $0 < n < N$

$$z_n = \frac{\lambda_1{}^{n-N} - \lambda_2{}^{n-N}}{\lambda_1{}^{-N} - \lambda_2{}^{-N}}\,z_0 + \frac{\lambda_1{}^n - \lambda_2{}^n}{\lambda_1{}^N - \lambda_2{}^N}\,z_N. \tag{19.11}$$

Ganz analog entsteht im Fall $a^2 = 4b$ unter Verwendung von (19.9)

$$z_n = \left(1 - \frac{n}{N}\right) \lambda^n z_0 + \frac{n}{N} \lambda^{n-N} z_N. \tag{19.12}$$

Beide Ergebnisse finden wir jedoch viel einfacher, indem wir in den allgemeinen Lösungen (19.3) und (19.8) die Konstanten c_1, c_2 so bestimmen, daß diese Lösungen für $n = 0$ und $n = N$ vorgegebene Werte z_0 bzw. z_N annehmen, indem wir also die Lösungen c_1, c_2 des Systems

$$c_1 + c_2 = z_0, \qquad c_1 \lambda_1{}^N + c_2 \lambda_2{}^N = z_N \tag{19.13}$$

in (19.3) und die Lösungen des Systems

$$c_1 = z_0, \qquad (c_1 + c_2 N) \lambda^N = z_N$$

in (19.8) einsetzen.

Wählen wir $z_0 = z_N = 0$, so folgt in beiden Fällen $z_n = 0$ für alle n. Dies bedeutet, daß es im Fall $a^2 \geqq 4b$ keine Eigenfunktionen gibt, wobei uns dieses Ergebnis für $b = 1$ bereits aus § 17 bekannt ist.

Aufgabe 35. Warum liefern (19.11) und (19.12) für $n = 0$ und $n = N$ nicht verschwindende Randwerte?

VI. Stabilitätsprobleme

Löst man das zum Randwertproblem (19.1) mit $z_0 = z_N = 0$ gehörende Gleichungssystem (vgl. S. 73) numerisch mit einem Eliminationsverfahren auf, so erhält man in einigen Fällen, die man „numerisch" *stabil* nennt, im Rahmen der benutzten Rechengenauigkeit die gewünschte Lösung, in anderen Fällen jedoch, die „numerisch" *instabil* heißen, für größere N völlig verfälschte Ergebnisse. Der Grund für dieses unterschiedliche Verhalten ist darin zu suchen, daß in den stabilen Fällen die *Rundungsfehler* sich weitgehend wegheben, in den instabilen Fällen dagegen bei den Zwischenrechnungen fortpflanzen und akkumulieren.

Ein einfaches *Beispiel* für numerische Instabilität liefert bereits die Berechnung der Lösung $y_n = 3^{-n}$ des Anfangswertproblems

$$y_n = \frac{10}{3} y_{n-1} - y_{n-2}, \qquad y_0 = 1, \qquad y_{-1} = 3.$$

Die Werte, die sich bei Benutzung des bulgarischen Taschenrechners elka 130 rekursiv ergeben, wurden mit den ersten sieben Dezimalen der exakten

Werte und den schnell anwachsenden Fehlern in der folgenden Tabelle zusammengestellt:

n	y_n	3^{-n}	$y_n - 3^{-n}$
1	0,333 333 3	0,333 333 3	0
2	0,111 111 0	0,111 111 1	$-0,000 000 1$
3	0,037 036 7	0,037 037 0	$-0,000 000 3$
4	0,012 344 6	0,012 345 6	$-0,000 001 0$
5	0,004 111 9	0,004 115 2	$-0,000 003 3$
6	0,001 361 7	0,001 371 7	$-0,000 010 0$
7	0,000 427 1	0,000 457 2	$-0,000 030 1$
8	0,000 061 9	0,000 152 4	$-0,000 090 5$
9	$-0,000 220 8$	0,000 050 8	$-0,000 271 6$
10	$-0,000 797 9$	0,000 016 9	$-0,000 814 8$
11	$-0,002 438 8$	0,000 005 6	$-0,002 444 4$
12	$-0,007 331 4$	0,000 001 8	$-0,007 333 2$
13	$-0,021 999 2$	0,000 000 6	$-0,021 999 8$
14	$-0,065 999 2$	0,000 000 2	$-0,065 999 4$
15	$-0,197 998 1$	0	$-0,197 998 1$

Wie man nachprüfen kann, sind die Fehler (bis auf eine gelegentliche Abweichung um eine Dezimale in der letzten Stelle) nichts anderes als die zu 3^{-n} linear unabhängige Lösung $-0,197 9981 \cdot 3^{n-15}$ der zu lösenden Differenzengleichung, wenn man sie, von $n = 15$ beginnend, „rückwärts" durch fortlaufende Division durch 3 numerisch berechnet (vgl. Aufgabe 36).

Ganz allgemein hängen bei Anfangs- oder Randwertproblemen die Stabilitätseigenschaften einer Differenzengleichung ausschließlich vom Verhalten der Lösungen der zugehörigen homogenen Gleichung ab. Somit wollen wir als nächstes verschiedene Möglichkeiten des Verhaltens dieser Lösungen analysieren, um bei Instabilität daraus Schlußfolgerungen für wirksame Gegenmaßnahmen ziehen zu können. Dabei verzichten wir auf eine exakte Stabilitätsdefinition, denn es kommt uns nur darauf an, dem Leser ein gewisses Gefühl für unterschiedliches Stabilitätsverhalten zu vermitteln.

§ 20. Klassifizierung

Wie bereits angekündigt wurde, wollen wir jetzt das Verhalten der Lösungen der *homogenen Differenzengleichung*

$$z_{n+1} + az_n + bz_{n-1} = 0, \tag{20.1}$$

$n = 1, 2, \ldots, N-1$, mit $a \neq 0$, $b \neq 0$ bei vorgegebenen Randwerten z_0, z_N im einzelnen diskutieren. Der Übersichtlichkeit wegen beschränken wir uns auf den Fall $a^2 > 4b$, in dem die Wurzeln (6.5) der zugehörigen charakteristischen Gleichung (6.4) voneinander verschieden sind. Dabei ist es zweckmäßig, die Indizes dieser Wurzeln stets so zu wählen, daß

$$|\lambda_1| < |\lambda_2| \tag{20.2}$$

ist. Bei den Wurzeln (6.5) ist diese Ungleichung für $a > 0$ automatisch erfüllt, für $a < 0$ vertauschen wir im folgenden die Indizes.

Die Lösung (19.11) unseres Randwertproblems läßt sich auch in der Form

$$z_n = \frac{\lambda_1{}^n - \lambda_1{}^N \lambda_2{}^{n-N}}{1 - q^N} z_0 + \frac{\lambda_2{}^{n-N} - \lambda_2{}^{-N} \lambda_1{}^n}{1 - q^N} z_N$$

mit $q = \lambda_1/\lambda_2$ schreiben. Wegen (20.2) ist $|q| < 1$, so daß q^N nach § 12 für hinreichend große N beliebig klein wird. Damit lautet die Lösung z_n näherungsweise

$$z_n = (\lambda_1{}^n - \lambda_1{}^N \lambda_2{}^{n-N}) z_0 + (\lambda_2{}^{n-N} - \lambda_2{}^{-N} \lambda_1{}^n) z_N. \tag{20.3}$$

Wir machen jetzt drei *Fallunterscheidungen.*

1^0. $|\lambda_1| < 1 < |\lambda_2|$. In diesem Fall ist $|\lambda_1{}^n| \leqq 1$, $|\lambda_2{}^{n-N}| \leqq 1$ für $0 \leqq n \leqq N$, und $\lambda_1{}^N$, $\lambda_2{}^{-N}$ werden für hinreichend große N beliebig klein, so daß wir (20.3) noch einmal näherungsweise zu

$$z_n = \lambda_1{}^n z_0 + \lambda_2{}^{n-N} z_N \tag{20.4}$$

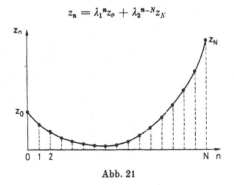

Abb. 21

vereinfachen können. Dies ist der *stabile Fall*, bei dem sich eine Änderung der Randwerte und damit auch eine *durch Rundungsfehler hervorgerufene Störung nur auf die unmittelbar benachbarten Werte und noch dazu in abschwächender Tendenz fortpflanzen* kann, während sie sich in einer gewissen

Entfernung vom Rand (die von der Größe der Beträge $|\lambda_1|$, $|\lambda_2|$ abhängt) nicht mehr bemerkbar macht (Abb. 21). Im vorliegenden Fall können wir die Näherungslösung (20.4) auch dadurch finden, daß wir in der allgemeinen Lösung (19.3) die Konstante c_1 aus $z_0 = c_1\lambda_1^0$ und die Konstante c_2 aus $z_N = c_2\lambda_2^N$ bestimmen und dadurch die Auflösung des Gleichungssystems (19.13) umgehen.

2^0. $|\lambda_1| < |\lambda_2| < 1$. Für hinreichend große N und $0 \leqq n \leqq N$ wird diesmal $|\lambda_1^N\lambda_2^{n-N}| \leqq |q|^N$ mit $q = \lambda_1/\lambda_2$ beliebig klein, so daß wir (20.3) zu

$$z_n = \lambda_1^n z_0 + \lambda_2^{-N}(\lambda_2^n - \lambda_1^n)\, z_N \qquad (20.5)$$

vereinfachen können, aber λ_2^{-N} wird beliebig groß. Dies bedeutet, daß sich zwar der *Randeinfluß vom Anfang* $n = 0$ *nach wie vor stabil verhält, aber der Randeinfluß vom Ende* $n = N$ *des Intervalls* $(0, N)$ *in instabiler Weise auf die vorhergehenden Werte einwirkt.* Der Deutlichkeit wegen wollen wir die Näherungswerte (20.5) von z_n im Fall $z_0 = 0$, $z_N = 1$, $\lambda_1 = 1/4$, $\lambda_2 = 1/2$ und $N = 5, 10, 15$ sowie 20 bis auf zwei Dezimalen angeben:

n	z_n bei $N = 5$	z_n bei $N = 10$	z_n bei $N = 15$	z_n bei $N = 20$
0	0	0	0	0
1	8	256	8192	262144
2	6	192	6144	196608
3	3,5	112	3584	114688
4	1,88	60	1920	61440
5	0,97	31	992	31744
6		15,75	504	16128
7		7,94	254	8128
8		3,99	127,5	4080
9		2	63,88	2044
10		1	31,97	1023
11			16	511,75
12			8	255,94
13			4	127,99
14			2	64
15			1	32
16				16
17				8
18				4
19				2
20				1

Aus dieser Tabelle erkennt man deutlich das starke Anwachsen der ersten Werte von z_n bei Vergrößerung von N, wobei zu beachten ist, daß $N = 20$ ja noch keine besonders große Zahl ist. Bei weiterer Vergrößerung von N

wachsen die Werte von z_n nach „links" auch dann stark an, wenn man nicht bei $z_N = 1$, sondern bei einem verhältnismäßig kleinen Wert wie etwa $z_N = 10^{-8}$ beginnt, mit dem alle zum Fall $z_N = 1$ gehörenden Werte z_n zu multiplizieren sind.

3^0. $1 < |\lambda_1| < |\lambda_2|$. Für hinreichend große N und $0 \leqq n \leqq N$ wird jetzt $|\lambda_2^{-N}\lambda_1^n| \leqq |q|^N$ mit $q = \lambda_1/\lambda_2$ beliebig klein, so daß

$$z_n = \lambda_1^N(\lambda_1^{n-N} - \lambda_2^{n-N}) z_0 + \lambda_2^{n-N}z_N \qquad (20.6)$$

eine ausreichende Näherung für (20.3) und damit für (19.11) ist, aber diesmal wird λ_1^N beliebig groß. Damit haben wir genau umgekehrte Verhältnisse wie beim vorhergehenden Fall, d. h., es ist zwar der *Randeinfluß vom Ende* $n = N$ *stabil*, aber der *Randeinfluß vom Anfang* $n = 0$ *des Intervalls* $(0, N)$ *wirkt auf die folgenden Werte in instabiler Weise ein*. Die Näherungswerte (20.6) mit $z_0 = 1$ und $z_N = 0$ sind im Fall $\lambda_1 = 2$, $\lambda_2 = 4$ dieselben wie zuvor, sofern n durch $N - n$ ersetzt wird, so daß wir sie nicht noch einmal aufzuschreiben brauchen.

Im stabilen Fall 1^0 lassen sich die in der Darstellung (18.7) für die Greensche Funktion auftretenden Folgen x_n, y_n ohne Schwierigkeiten aus (18.3) und (18.4) numerisch berechnen. Nach (19.4) und (19.6) ergibt sich für große n bzw. $N - n$ näherungsweise

$$x_n = -\frac{\lambda_2^n}{\lambda_1 - \lambda_2}, \quad y_n = \frac{\lambda_1^{n-N}}{\lambda_1^{-1} - \lambda_2^{-1}}, \quad w_n = -\frac{\lambda_1^{n-N}\lambda_2^n}{\lambda_1^{-1} - \lambda_2^{-1}}$$

und damit aus (18.7) oder (19.7) näherungsweise

$$g_{nm} = \begin{cases} \dfrac{\lambda_2^{n-m}}{\lambda_1 - \lambda_2} & \text{für} \quad n \leqq m, \\[2mm] \dfrac{\lambda_1^{n-m}}{\lambda_1 - \lambda_2} & \text{für} \quad n \geqq m. \end{cases}$$

Im stabilen Fall sind daher die Werte von g_{nm} für $n = m$ nahezu konstant und verkleinern sich betragsmäßig bei wachsender Differenz $|n - m|$.

Aufgabe 36. In welchen der drei vorhergehenden Fälle sind die Lösungen der Differenzengleichung (20.1) bei vorgegebenen Anfangswerten z_0, z_1 stabil, wenn man sie a) nach „rechts" bzw. b) nach „links" fortsetzt?

§ 21. Faktorisierung

Für das Randwertproblem

$$z_{n+1} + a_n z_n + b_n z_{n-1} = f_n, \quad z_0 = z_N = 0, \qquad (21.1)$$

$n = 1, 2, \ldots, N - 1$, haben wir im Fall der Lösbarkeit bereits die geschlossene Lösungsdarstellung (18.5) mit (18.7) hergeleitet. Um noch eine *andere Lösungsmethode* kennenzulernen, die sich leicht für einen Rechenautomaten programmieren läßt, gehen wir von dem Ansatz

$$v_n = \alpha_n v_{n-1} + f_n, \qquad z_{n+1} = \beta_n z_n + v_n \qquad (21.2)$$

aus und versuchen, die Folgen α_n, β_n so zu bestimmen, daß z_n nach Elimination der Folge v_n eine Lösung des Randwertproblems (21.1) wird. Durch Einsetzen des Ausdrucks für v_n aus der ersten Gleichung in die zweite Gleichung von (21.2) entsteht

$$z_{n+1} = \beta_n z_n + \alpha_n v_{n-1} + f_n.$$

Setzen wir hier für v_{n-1} den aus der zweiten Gleichung von (21.2) durch Indexverschiebung entstehenden Ausdruck $v_{n-1} = z_n - \beta_{n-1} z_{n-1}$ ein, so folgt durch Umstellung

$$z_{n+1} - (\alpha_n + \beta_n) z_n + \alpha_n \beta_{n-1} z_{n-1} = f_n.$$

Damit diese Gleichung in die erste der Gleichungen (21.1) übergeht, fordern wir für $n = 1, 2, \ldots, N - 1$

$$\alpha_n + \beta_n = -a_n, \qquad \alpha_n \beta_{n-1} = b_n. \qquad (21.3)$$

Um jetzt auch die Randbedingungen von (21.1) zu berücksichtigen, bemerken wir zunächst, daß die Bedingung $z_0 = 0$ auch durch $b_1 = 0$ ersetzt werden kann, da die erste der Gleichungen (21.1) in beiden Fällen für $n = 1$ dasselbe besagt und sonst sich diese Abänderung nicht weiter auswirkt. Erfüllen wir jetzt die zweite der Gleichungen (21.3) für $n = 1$ durch $\alpha_1 = 0$, so gelangen wir zu folgendem

Lösungsalgorithmus. *Man berechne, von $\alpha_1 = 0$ ausgehend, zunächst α_n, β_n und v_n rekursiv für $n = 1, 2, \ldots, N - 1$ aus (21.3) und der ersten Gleichung von (21.2), d. h. aus*

$$\alpha_1 = 0, \qquad \beta_1 = -a_1, \qquad v_1 = f_1,$$
$$\alpha_2 = b_2/\beta_1, \qquad \beta_2 = -a_2 - \alpha_2, \qquad v_2 = f_2 + \alpha_2 v_1,$$
$$\alpha_3 = b_3/\beta_2, \qquad \beta_3 = -a_3 - \alpha_3, \qquad v_3 = f_3 + \alpha_3 v_2,$$
$$\cdots \cdots \cdots \cdots \cdots \cdots \cdots \cdots \cdots \cdots$$
$$\alpha_{N-1} = b_{N-1}/\beta_{N-2}, \qquad \beta_{N-1} = -a_{N-1} - \alpha_{N-1}, \qquad v_{N-1} = f_{N-1} + \alpha_{N-1} v_{N-2},$$

wobei die Gleichungen zeilenweise abzuarbeiten und die bereits berechneten Werte jeweils zu benutzen sind. Beispielsweise erhält man dabei in der zweiten

Zeile die Werte

$$\alpha_2 = -b_2/a_1, \qquad \beta_2 = -a_2 + b_2/a_1, \qquad v_2 = f_2 - b_2 f_1/a_1.$$

Anschließend berechne man, von $z_N = 0$ ausgehend, aus der zweiten Gleichung von (21.2) in der Form $z_n = (z_{n+1} - v_n)/\beta_n$ „rückwärts" für $n = N - 1$, $N - 2, \ldots, 1$,

$$z_{N-1} = -v_{N-1}/\beta_{N-1},$$

$$z_{N-2} = (z_{N-1} - v_{N-2})/\beta_{N-2},$$

$$\cdot \quad \cdot \quad \cdot \quad \cdot \quad \cdot \quad \cdot \quad \cdot \quad \cdot \quad \cdot \quad \cdot \quad \cdot \quad \cdot$$

$$z_1 = (z_2 - v_1)/\beta_1.$$

Offenbar ist dieser Algorithmus genau dann ausführbar, wenn *keiner der Werte β_n verschwindet.* Ist diese Voraussetzung erfüllt, so ergeben die vorhergehenden Überlegungen, daß die berechneten Werte z_n das Randwertproblem (21.1) lösen, wenn man von der im Fall $b_1 = 0$ überflüssigen Bedingung $z_0 = 0$ absieht. Das Wesentliche bei diesem Algorithmus besteht darin, daß die in (21.1) stehende Differenzengleichung zweiter Ordnung hierbei auf das System der zwei Differenzengleichungen erster Ordnung (21.2) zurückgeführt wird. Dieser Vorgang wird auch *Faktorisierung* genannt, doch kann dieser Begriff erst in § 27 erklärt werden. Nebenbei sei erwähnt, daß man zu dem Algorithmus auch durch eine Übertragung der Gaußschen Eliminationsmethode aus § 11 auf den vorliegenden Fall gelangen kann.

Konstante Koeffizienten. Sind die Koeffizienten $a_n = a$, $b_n = b \neq 0$ in (21.1) von n unabhängig (mit Ausnahme von $b_1 = 0$), so lassen sich die Rekursionsformeln (21.3) geschlossen auflösen. Durch Elimination von α_n erhalten wir zunächst aus (21.3)

$$\beta_n + \frac{b_n}{\beta_{n-1}} + a_n = 0. \tag{21.4}$$

Dies ist eine nichtlineare Rekursionsformel erster Ordnung für β_n, die wir unter der Anfangsbedingung $\beta_1 = -a$ für $n \geq 2$ auflösen, so daß die Ausnahme $b_1 = 0$ nicht weiter stört. Führen wir durch die Substitution

$$u_{n+1} = \beta_n u_n \tag{21.5}$$

eine neue Folge u_n mit $u_1 = 1$ ein, so erhalten wir aus (21.4) nach Multiplikation mit $u_1 = \beta_{n-1} u_{n-1}$ die lineare Rekursionsformel zweiter Ordnung

$$u_{n+1} + a u_n + b u_{n-1} = 0 \tag{21.6}$$

mit den Anfangsbedingungen $u_1 = 1$, $u_2 = \beta_1 = -a$. Wir beschränken uns wieder auf den Fall $a^2 > 4b$, in dem die allgemeine Lösung von

(21.6) nach (7.9)

$$u_n = c_1 \lambda_1{}^n + c_2 \lambda_2{}^n$$

mit (6.5) und willkürlichen Konstanten c_1, c_2 lautet. Wegen $u_2 = -a = \lambda_1 + \lambda_2$ ist

$$u_n = \frac{\lambda_1{}^n - \lambda_2{}^n}{\lambda_1 - \lambda_2} \qquad (21.7)$$

offenbar die spezielle Lösung von (21.6), die zugleich den Anfangsbedingungen genügt. Damit folgt aus (21.5) bzw. aus der zweiten Gleichung (21.3) wegen $b = \lambda_1 \lambda_2$ das gesuchte *Ergebnis*

$$\beta_n = \frac{\lambda_1{}^{n+1} - \lambda_2{}^{n+1}}{\lambda_1{}^n - \lambda_2{}^n}, \qquad \alpha_n = \frac{\lambda_2 \lambda_1{}^n - \lambda_1 \lambda_2{}^n}{\lambda_1{}^n - \lambda_2{}^n}. \qquad (21.8)$$

Auf die geschlossene Lösung der Gleichungen (21.2) gehen wir nicht weiter ein, da wir das Ergebnis bereits aus (18.5), (19.7) kennen.

Zur Beurteilung der *numerischen Stabilität* unseres Lösungsalgorithmus nehmen wir jetzt wie in (20.2) $|\lambda_1| < |\lambda_2|$ an. Dann kann β_n in (21.8) niemals verschwinden, und die für den Lösungsalgorithmus erforderliche Voraussetzung ist stets erfüllt. Weiterhin kann dann $\lambda_1{}^n$ in (21.8) für große n im Vergleich zu $\lambda_2{}^n$ vernachlässigt werden, und wir erhalten aus (21.8) näherungsweise

$$\alpha_n = \lambda_1, \qquad \beta_n = \lambda_2.$$

Im stabilen Fall 1^0 von § 20, d. h. für $|\lambda_1| < 1 < |\lambda_2|$, lassen sich auch die Gleichungen (21.2) stabil auflösen. Die zweite Gleichung von (21.2) wird nämlich von „rechts" nach „links" aufgelöst, und die zugehörige homogene Gleichung (21.5) hat bis auf einen konstanten Faktor die für $n > 0$ nach „links" abklingende Lösung (21.7). Entsprechend kann man zeigen (vgl. Aufgabe 37), daß die Lösungen der zur ersten Gleichung von (21.2) gehörenden homogenen Gleichung nach „rechts" hin abklingen. Analog sieht man, daß im instabilen Fall 2^0 von § 20 die zweite und im instabilen Fall 3^0 von § 20 die erste der Gleichungen (21.2) numerisch instabil ist.

Aufgabe 37. Man zeige, daß $v_n = (\lambda_1{}^{-1} - \lambda_2{}^{-1})/(\lambda_1{}^{-n} - \lambda_2{}^{-n})$ die Lösung von $v_n = \alpha_n v_{n-1}$ mit (21.8) und $v_1 = 1$ ist. Wie kommt man auf die Gestalt von v_n?

§ 22. Regularisierung

Nach den beiden vorhergehenden Methoden zur Lösung des Randwertproblems

$$z_{n+1} + a_n z_n + b_n z_{n-1} = f_n, \qquad (22.1)$$

$z_0 = z_N = 0$, $n = 1, 2, \ldots, N-1$, wollen wir jetzt eine *dritte Methode* kennenlernen, die sich in den instabilen Fällen bewährt. Diese besteht in der Zurückführung des Randwertproblems auf ein Anfangswertproblem, wobei es zwei Möglichkeiten gibt, je nachdem, ob wir den linken oder den rechten Randpunkt des Intervalls $0 \leq n \leq N$ auszeichnen. Es soll jetzt wieder $b_n \neq 0$ sein für alle n. Wir beginnen mit dem linken Randpunkt und wählen neben $z_0 = 0$ willkürlich einen zweiten Anfangswert z_1, beispielsweise $z_1 = 0$. Die Lösung der Rekursionsformel (22.1) mit diesen Anfangswerten bezeichnen wir mit $z_n^{(0)}$ (vgl. S. 9). Im allgemeinen wird $z_N^{(0)} \neq 0$ sein, so daß $z_n^{(0)}$ keine Lösung des Randwertproblems ist. Als nächstes bestimmen wir rekursiv die Lösung z_n' der zu (22.1) gehörenden homogenen Gleichung

$$z_{n+1}' + a_n z_n' + b_n z_{n-1}' = 0 \tag{22.2}$$

unter den Anfangsbedingungen $z_0' = 0$, $z_1' = 1$. Wir setzen voraus, daß z_n' keine Eigenfunktion ist, also $z_N' \neq 0$ ist. Nach dem Überlagerungssatz von § 7 ist dann

$$z_n = z_n^{(0)} - \frac{z_N^{(0)}}{z_N'} z_n' \tag{22.3}$$

die gesuchte *Lösung des Randwertproblems*.

Diese Lösungsmethode ist eine Präzisierung der sogenannten *Schießmethode*, bei der man eine Folge von zusätzlichen Anfangswerten $z_1^{(1)}$, $z_1^{(2)}$,

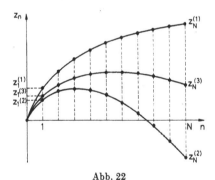

Abb. 22

$z_1^{(3)}$, ... für die inhomogene Gleichung (22.1) wählt, die zugehörigen Lösungen $z_n^{(1)}$, $z_n^{(2)}$, $z_n^{(3)}$, ... berechnet, zu jedem Anfangswert $z_1^{(k)}$ den zugehörigen Endwert $z_N^{(k)}$ beobachtet, aus der Änderung von $z_N^{(k)}$ gegenüber von $z_N^{(k-1)}$ Rückschlüsse über eine günstigere Wahl von $z_1^{(k+1)}$ zieht und

sich auf diese Weise auf den gesuchten Endwert $z_N = 0$ „einschießt" (vgl.
Abb. 22). Die Schießmethode wird vor allem bei nichtlinearen Randwertproblemen benutzt, bei denen die präzisierte Form nicht anwendbar ist.

Die zweite Möglichkeit besteht darin, $z_n^{(0)}$ aus $z_N^{(0)} = z_{N-1}^{(0)} = 0$ und (22.1)
sowie $z_n{}'$ aus $z_N{}' = 0$, $z'_{N-1} = 1$ und (22.2) rekursiv nach „links" zu bestimmen, wobei wir analog zu (22.3) die Lösungsdarstellung

$$z_n = z_n^{(0)} - \frac{z_0^{(0)}}{z_0{}'} z_n{}' \qquad (22.4)$$

für unser Randwertproblem erhalten.

Konstante Koeffizienten. Bei Gleichungen (22.1) mit von n unabhängigen
Koeffizienten $a_n = a$, $b_n = b$ wird man die erste Lösungsdarstellung (22.3)
wählen, wenn der instabile Fall 2^0 von § 20 vorliegt, also $|\lambda_1| < |\lambda_2| < 1$ gilt,
da dann das Anfangswertproblem „von links nach rechts" stabil auflösbar
ist, dagegen wählt man die zweite Lösungsdarstellung (22.4), wenn der in-
stabile Fall 3^0 von § 20 vorliegt, also $1 < |\lambda_1| < |\lambda_2|$ gilt, da das Anfangs-
wertproblem dann „von rechts nach links" stabil auflösbar ist (vgl. Auf-
gabe 36). Im Fall 1^0 von § 20, für den wir bereits zwei numerisch stabile
Lösungsmethoden kennen, sind beide Lösungsdarstellungen (22.3) und (22.4)
für große N numerisch instabil (vgl. S. 85).

Wir wenden uns jetzt noch einmal etwas eingehender den soeben angeführten Fällen 2^0 und 3^0 von § 20 zu, in denen das Randwertproblem
instabil ist. Im Fall 2^0 klingen alle Lösungen der homogenen Gleichung (22.2)
und damit auch $z_N{}'$ nach „rechts" ab, d. h., $z_N{}'$ ist für große N sehr klein.
Damit wird aber das zweite Glied auf der rechten Seite von (22.3) im
allgemeinen für kleine n sehr groß sein und folglich auch die ganze rechte
Seite, was der vorhandenen Instabilität entspricht. Insbesondere ist dies
stets der Fall, wenn die in (22.3) auftretenden Größen nicht exakt, sondern
nur numerisch bestimmt werden.

Andererseits kann es sein, daß das inhomogene Randwertproblem trotz der
Instabilität des zugehörigen homogenen Problems eine Lösung besitzt, die
an keiner Stelle n besonders groß ist. Wegen der vorhandenen Instabilität
ist es unmöglich, diese Lösung mit einer der vorhergehenden Methoden
numerisch zu bestimmen. Wir können aber folgendes vereinbaren und den
in (22.3) auftretenden Summanden $z_n^{(0)}$, der sich aus einem Anfangswertproblem numerisch stabil bestimmen läßt, eine *regularisierte Lösung* des
Randwertproblems nennen. Diese regularisierte Lösung hat folgende

Eigenschaften. *Im Fall 2^0 von § 20 erfüllt die regularisierte Lösung $z_n^{(0)}$ des
Randwertproblems die Differenzengleichung (22.1) sowie die Randbedingung
$z_0 = 0$, während z_N nicht zu verschwinden braucht. Ändert man den Anfangswert $z_1^{(0)}$ ab, so beeinflußt diese Änderung nur die Werte von $z_n^{(0)}$ für „kleine"*

n, nicht aber im Rahmen der Rechengenauigkeit die Werte von $z_n^{(0)}$ für „mittlere" und „große" n. Dies bedeutet, daß die Werte der regularisierten Lösung $z_n^{(0)}$ für „mittlere" und „große" $n \leq N - 1$ numerisch stabil sind. *Besitzt das Randwertproblem eine Lösung, die nirgends besonders groß ist, so ist diese Lösung für „mittlere" und „große" n im Rahmen der Rechengenauigkeit gleich der regularisierten Lösung $z_n^{(0)}$.*

Welche Werte von n dabei schon „mittlere" genannt werden können, hängt von der Größe der Wurzeln λ_1, λ_2 der charakteristischen Gleichung (6.4) und damit von der Schnelligkeit des Abklingens der Lösungen (7.9) der homogenen Gleichung sowie von der gewählten Rechengenauigkeit ab. Die Richtigkeit der letzten der genannten Eigenschaften erkennt man aus (22.3); denn wird z_n nirgends groß, also auch nicht für $n = 1$, so muß $z_N^{(0)}$ in (22.3) sehr klein, also im Rahmen der Rechengenauigkeit gleich Null sein.

Ganz analoge Bemerkungen treffen auf den Fall 3⁰ von § 20 zu. Die in (22.4) auftretende regularisierte Lösung erfüllt dann (22.1) und $z_N^{(0)} = 0$, wobei $z_{N-1}^{(0)}$ auch abgeändert werden kann, und in den zuvor angeführten Eigenschaften hat man lediglich die Worte „kleine" und „große" zu vertauschen.

Weiterhin kann man den Begriff der regularisierten Lösung auch auf den Fall übertragen, daß die zu (22.1) gehörenden Randwerte nicht verschwinden (vgl. Aufgabe 38).

Abschließend kehren wir zum Fall 1⁰ von § 20 zurück, in dem zwar das Randwertproblem stabil ist, aber die zugehörigen Anfangswertprobleme instabil sind. Man kann jetzt ganz analog für die Anfangswertprobleme eine regularisierte Lösung definieren, indem man *eine der Anfangsbedingungen wegläßt, zusätzlich eine Randbedingung willkürlich wählt und die stabile Lösung dieses Randwertproblems regularisierte Lösung des Anfangswertproblems nennt.*

Aufgabe 38. Man berechne für $0 < n < 100$ die Lösung der Differenzengleichung

$$z_{n+1} - 6z_n + 8z_{n-1} = 3$$

a) unter den Randbedingungen $z_0 = z_{100} = 1$,

b) unter den gestörten Randbedingungen $z_0 = 1 + 10^{-10}$, $z_{100} = 1$,

c) unter den Anfangsbedingungen $z_{100} = 1$, $z_{99} = 0$ (regularisierte Lösung des Randwertproblems a)).

VII. Identifikation

Während wir bisher von einer gegebenen Differenzengleichung mit entsprechenden Nebenbedingungen ausgegangen sind und die zugehörige Lösung gesucht haben, wollen wir uns jetzt mit dem umgekehrten Problem befassen, bei dem die rechte Seite der Differenzengleichung und die Lösung gegeben sind und die linke Seite gesucht ist, d. h. die Koeffizienten der Differenzengleichung. Solche Umkehrprobleme treten in den Anwendungen immer mehr in den Vordergrund. Man spricht hierbei von einer *Identifikation* der Differenzengleichung bzw. des durch sie beschriebenen technischen Systems.

Bei der Differenzengleichung (19.1)

$$z_{n+1} + az_n + bz_{n-1} = f_n$$

mit konstanten Koeffizienten, auf die wir uns ausschließlich·beschränken wollen, ist das Identifikationsproblem relativ einfach, da hier nur die konstanten Parameter a und b bestimmt werden müssen, so daß man in diesem Fall von einer *Parameteridentifikation* spricht. Theoretisch gesehen, braucht man zur Bestimmung der Unbekannten a und b lediglich die Differenzengleichung für zwei verschiedene Werte von n zu benutzen und die beiden Gleichungen (sofern sie·voneinander unabhängig sind) nach a und b aufzulösen. Dieses Vorgehen setzt jedoch voraus, daß die verwendete Lösung z_n und die zugehörige rechte Seite f_n exakt bekannt sind. In den Anwendungen kennt man jedoch für z_n und f_n nur Meßwerte, die mit Fehlern behaftet sind, so daß man auch die Koeffizienten a und b nur mit Fehlern erhält. Leider stellt es sich heraus, daß die Fehler bei den Koeffizienten sehr groß werden können und stark davon abhängen, welche zwei Gleichungen man zur Bestimmung von a und b heranzieht (instabiler Fall). Aus diesem Grunde werden wir uns zunächst mit einem Fehlerausgleichsverfahren befassen, das sich dann auch bei der Bestimmung von Anfangswerten in der diskreten Mechanik als nützlich erweisen wird, bevor wir auf die Identifikation von Differenzengleichungen zurückkommen werden. Mehr über die Fehlerrechnung findet man bei H. HÄNSEL [11] sowie bei H. RICHTER und V. MAMMITZSCH [15].

§ 23. Die Methode der kleinsten Quadrate

Durch eine lineare Gleichung mit einer Unbekannten x

$$ax = f$$

ist x im Fall $a \neq 0$ eindeutig zu $x = f/a$ bestimmt. Ein *System* von $n > 1$ Gleichungen mit einer einzigen Unbekannten x,

$$a_1 x = f_1, \quad a_2 x = f_2, \ldots, \quad a_n x = f_n, \tag{23.1}$$

hat im allgemeinen keine Lösung, da die k-te Gleichung dieses Systems mit $1 \leq k \leq n$ im Fall $a_k \neq 0$ die Lösung $x_k = f_k/a_k$ besitzt und diese Lösungen im allgemeinen von k abhängen. Man nennt daher (23.1) ein *überbestimmtes System*.

Ähnlich wie im vorhergehenden Paragraphen kann man jetzt nach einer *verallgemeinerten Lösung* fragen und darunter hier eine Zahl x verstehen, die die Gleichungen (23.1) „möglichst gut" erfüllt, wobei dieser Begriff noch näher zu präzisieren ist. Dies geschieht durch die

Gaußsche Methode. *Man bestimme die verallgemeinerte Lösung x so, daß die Summe der Fehlerquadrate*

$$Q = \sum_{k=1}^{n} (a_k x - f_k)^2 \tag{23.2}$$

möglichst klein ist. Dabei wird vorausgesetzt, daß mindestens ein $a_k \neq 0$ ist.

Zur Lösung dieses Problems formen wir Q zunächst um. Nach Auflösung der Klammern nimmt Q die Gestalt

$$Q = Ax^2 - 2Bx + C$$

mit

$$A = \sum_{k=1}^{n} a_k^2, \qquad B = \sum_{k=1}^{n} a_k f_k, \qquad C = \sum_{k=1}^{n} f_k^2 \tag{23.3}$$

an oder nach Ermittlung der quadratischen Ergänzung

$$Q = \frac{1}{A}(Ax - B)^2 + C - \frac{B^2}{A}. \tag{23.4}$$

Hieraus ist ersichtlich, daß Q genau dann *minimal* wird, wenn $x = B/A$ (vgl. Abb. 3) oder wegen (23.3)

$$x = \frac{\sum\limits_{k=1}^{n} a_k f_k}{\sum\limits_{k=1}^{n} a_k^2} \tag{23.5}$$

wird. Damit haben wir die verallgemeinerte Lösung x des Systems (23.1) im Sinne der *Gaußschen Methode der kleinsten Fehlerquadrate* gefunden. Besitzt (23.1) eine Lösung im üblichen Sinne, so geht (23.5) natürlich in diese Lösung über.

Betrachten wir an Stelle des Systems (23.1) das System

$$x = x_1, \quad x = x_2, \dots, \quad x = x_n \tag{23.6}$$

mit $x_k = f_k/a_k$ für alle k, das aus (23.1) durch Division der k-ten Gleichung durch a_k hervorgeht, so liefert die Gaußsche Methode als verallgemeinerte

Lösung von (23.6) das *arithmetische Mittel*

$$x = \frac{1}{n}(x_1 + x_2 + \cdots + x_n),$$

da wir in (23.5) nur $a_k = 1$ und $f_k = x_k$ zu setzen brauchen (vgl. Abb. 23). Dieses arithmetische Mittel benutzt man bekanntlich in der Praxis, wenn man beispielsweise einen *Widerstand R* mit Hilfe des *Ohmschen Gesetzes*

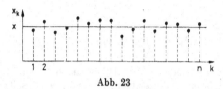

Abb. 23

$R = U/I$ bestimmen will, für verschiedene *Spannungen* U_k die zugehörigen *Stromstärken* I_k mißt und den Einfluß der Meßfehler auf die Einzelergebnisse $R_k = U_k/I_k$ durch eine Mittelbildung ausgleicht.

Als Nebenprodukt erhalten wir aus den vorhergehenden Betrachtungen die

Cauchysche Ungleichung. *Für beliebige reelle Zahlen* a_k, b_k *gilt*

$$\left(\sum_{k=1}^{n} a_k b_k\right)^2 \leq \sum_{k=1}^{n} a_k^2 \sum_{l=1}^{n} b_l^2. \tag{23.7}$$

Dabei steht das Gleichheitszeichen genau dann, wenn alle $a_k = 0$ *sind oder es eine Konstante x gibt mit* $b_k = a_k x$ *für alle k.*

Beweis. Da der Fall $a_k = 0$ trivial ist, nehmen wir an, daß mindestens ein $a_k \neq 0$ ist. Aus (23.2) folgt $0 \leq Q$, so daß (23.4) mit $x = B/A$ folglich $0 \leq C - B^2/A$ oder wegen $A > 0$ schließlich $B^2 \leq AC$ liefert. Wegen (23.3) ist dies gerade die Ungleichung (23.7), wenn wir $f_k = b_k$ setzen. In diesen Ungleichungen steht das Gleichheitszeichen genau dann, wenn $Q = 0$ ist, wenn also wegen (23.2) $b_k = f_k = a_k x$ gilt für alle k.

Für spätere Anwendungen benötigen wir die Gaußsche Methode noch für

Gleichungen mit zwei Unbekannten. Unter dem *verallgemeinerten Lösungspaar* (x, y) der n Gleichungen

$$a_k x + b_k y = f_k, \tag{23.8}$$

$k = 1, 2, \ldots, n$, verstehen wir dasjenige Zahlenpaar (x, y), für das

$$Q = \sum_{k=1}^{n} (a_k x + b_k y - f_k)^2 \tag{23.9}$$

möglichst klein wird. Die Fälle, in denen $a_k \equiv 0$ oder $b_k \equiv a_k z$ für eine
feste Konstante z gilt, schließen wir aus, da sie auf den bereits erledigten
Fall (23.1) hinauslaufen. Unter dieser Voraussetzung lautet die *verallgemeinerte Lösung* von (23.8)

$$x = \frac{BD - EF}{AD - F^2}, \qquad y = \frac{AE - FB}{AD - F^2} \qquad (23.10)$$

mit (23.3) und

$$D = \sum_{k=1}^{n} b_k^2, \qquad E = \sum_{k=1}^{n} b_k f_k, \qquad F = \sum_{k=1}^{n} a_k b_k. \qquad (23.11)$$

Beweis. Zunächst bemerken wir, daß wegen der Cauchyschen Ungleichung (23.7) und unserer Voraussetzung $F^2 < AD$ ist, so daß die Quotienten
(23.10) einen Sinn haben. Durch Auflösung der Klammern in (23.9) und
Berücksichtigung der Bezeichnungen (23.3) und (23.11) folgt für Q die
Darstellung

$$Q = Ax^2 - 2Bx + C + Dy^2 - 2Ey + 2Fxy.$$

Wir versuchen jetzt, neue Konstanten $a, b, \ldots, f, g$ so zu bestimmen, daß Q
die Form

$$Q = (ax + by - c)^2 + (dx + ey - f)^2 + g \qquad (23.12)$$

erhält oder nach Auflösung der Klammern und Umordnung

$$Q = (a^2 + d^2) x^2 + (b^2 + e^2) y^2 + 2(ab + de) xy - 2(ac + df) x$$
$$-2(bc + ef) y + g + c^2 + f^2.$$

Durch Vergleich mit der vorhergehenden Darstellung für Q finden wir die
Beziehungen

$$\left.\begin{array}{ll}
A = a^2 + d^2, & D = b^2 + e^2, \\
B = ac + df, & E = bc + ef, \\
C = g + c^2 + f^2, & F = ab + de.
\end{array}\right\} \qquad (23.13)$$

Dies ist ein *unterbestimmtes Gleichungssystem* von sechs Gleichungen für die
sieben Unbekannten $a, \ldots, g$, das stets lösbar ist. Die Lösung benötigen wir
aber gar nicht explizit. Aus (23.12) ist ersichtlich, daß Q genau dann minimal
wird, wenn

$$ax + by = c, \qquad dx + ey = f$$

ist. Nach der Eliminationsmethode von § 11 hat dieses System die

Lösung

$$x = \frac{ce - fb}{ae - db}, \qquad y = \frac{af - dc}{ae - db}, \qquad (23.14)$$

sofern die Nenner nicht verschwinden. Wir brauchen jetzt nur noch zu zeigen, daß die Behauptungen (23.10) mit den Lösungen (23.14) übereinstimmen. Dies läßt sich aber unter Benutzung der Beziehungen (23.13) durch elementare Umformungen nachweisen. Vgl. hierzu die

Aufgabe 39. Man verifiziere die Gleichungen

$$AD - F^2 = (ae - db)^2,$$

$$BD - EF = (ce - fb)(ae - db),$$

$$AE - FB = (af - dc)(ae - db).$$

§ 24. Beispiele aus der Mechanik

Zur Anwendung der vorhergehenden Ergebnisse behandeln wir jetzt zwei Aufgabenstellungen, bei denen wir zum Teil auf die Darlegungen im Abschnitt IV zurückgreifen.

Regressionsgeraden. Zwischen zwei Veränderlichen möge ein *linearer Zusammenhang* bestehen. Um einen konkreten Fall im Auge zu haben, seien diese Veränderlichen die Zeit t und der Weg s. Dann gilt bei einer gleichförmigen Bewegung

$$s = vt + u. \qquad (24.1)$$

Die Geschwindigkeit v und die Anfangslage u seien unbekannt und sollen durch Messung des Weges s zu verschiedenen Zeitpunkten t ermittelt werden. Wir wählen willkürlich die Zeitpunkte t_k, $k = 1, 2, \ldots, n$, die nicht äquidistant zu sein brauchen, und messen die zugehörigen Wege s_k. Wegen der Meßfehler liegen die Punkte (t_k, s_k) in der t, s-Ebene im allgemeinen nicht genau auf einer Geraden. Unsere Aufgabe besteht jetzt darin, diejenige Gerade zu finden, die sich im Sinne der Gaußschen Methode der kleinsten Fehlerquadrate möglichst gut der Punktmenge (t_k, s_k), $k = 1, 2, \ldots, n$, angleicht (vgl. die spätere Abb. 24), d. h., wir suchen die verallgemeinerte Lösung (u, v) des *überbestimmten Gleichungssystems*

$$u + t_k v = s_k.$$

Dieses System hat die Form (23.8) mit $a_k = 1$, $b_k = t_k$, $f_k = s_k$, $x = u$, $y = v$, so daß seine Lösung die Gestalt (23.10) besitzt. Führen wir die

Mittelwerte

$$\bar{t} = \frac{1}{n} \sum_{k=1}^{n} t_k, \qquad \bar{s} = \frac{1}{n} \sum_{k=1}^{n} s_k \qquad (24.2)$$

ein, so finden wir aus (23.3) und (23.11) die Beziehungen $A = n$, $F = n\bar{t}$, $B = n\bar{s}$ und

$$AD - F^2 = n \sum_{k=1}^{n} t_k{}^2 - n^2\bar{t}^2 = n \sum_{k=1}^{n} (t_k{}^2 - 2t_k\bar{t} + \bar{t}^2)$$

$$= n \sum_{k=1}^{n} (t_k - \bar{t})^2,$$

$$AE - FB = n \sum_{k=1}^{n} t_k s_k - n^2\bar{t}\bar{s} = n \sum_{k=1}^{n} (t_k s_k - t_k\bar{s} - \bar{t}s_k + \bar{t}\bar{s})$$

$$= n \sum_{k=1}^{n} (t_k - \bar{t})\,(s_k - \bar{s}).$$

Damit ergibt sich aus (23.10) mit $y = v$ für den sogenannten *Regressionskoeffizienten* die Darstellung

$$v = \frac{\displaystyle\sum_{k=1}^{n} (t_k - \bar{t})\,(s_k - \bar{s})}{\displaystyle\sum_{k=1}^{n} (t_k - \bar{t})^2} \qquad (24.3)$$

und wegen

$$nu = Ax = \frac{ABD - AEF}{AD - F^2} = \frac{(ABD - BF^2) - (AEF - BF^2)}{AD - F^2}$$

$$= B - yF = n(\bar{s} - v\bar{t})$$

für den *zweiten Koeffizienten* $x = u$

$$u = \bar{s} - v\bar{t}.$$

Die mit diesen Koeffizienten gebildete Gerade nennt man *Regressionsgerade*. Sie läßt sich auch in der Form

$$s - \bar{s} = v(t - \bar{t})$$

mit (24.2) und (24.3) schreiben, so daß sie stets durch den *Schwerpunkt* $(\bar{t}, \bar{s})$ geht.

Die Grundgleichung der Mechanik. Wir kehren jetzt zu unserem diskreten Modell der Mechanik zurück, in dem mehrere Grundgleichungen die Form

$$y_n - y_{n-1} = \frac{1}{2}(z_n + z_{n-1}) \, \varDelta x \qquad (24.4)$$

mit $\varDelta x = x_n - x_{n-1}$ haben (vgl. (13.4) bis (13.6) sowie (13.11)). Der Einfachheit wegen nehmen wir im folgenden stets an, daß $\varDelta x$ eine von n unabhängig gewählte, bekannte positive Konstante ist. Dann kann man die Gleichung (24.4) verwenden, um entweder bei bekannten z_n die y_n oder umgekehrt bei bekannten y_n die z_n zu berechnen. Im ersten Fall erhalten wir durch Summation (vgl. Aufgabe 25)

$$y_n = y_0 + \frac{1}{2} \sum_{k=1}^{n} (z_k + z_{k-1}) \, \varDelta x$$

und hieraus für $n \geqq 1$

$$y_n = y_0 + \frac{1}{2}(z_0 + z_n) \, \varDelta x + \sum_{k=1}^{n-1} z_k \, \varDelta x. \qquad (24.5)$$

Im zweiten Fall erhalten wir aus der Umstellung

$$z_n + z_{n-1} = 2 \frac{\varDelta y_n}{\varDelta x}$$

mit $\varDelta y_n = y_n - y_{n-1}$ nach Einsetzen in die Identität

$$z_n = (-1)^n z_0 + \sum_{k=1}^{n} (-1)^{n-k} (z_k + z_{k-1})$$

die Gleichung (vgl. Aufgabe 26)

$$z_n = (-1)^n z_0 + 2 \sum_{k=1}^{n} (-1)^{n-k} \frac{\varDelta y_k}{\varDelta x}$$

und hieraus für $n \geqq 1$ wegen

$$\sum_{k=1}^{n} (-1)^{n-k} \, \varDelta y_k = \sum_{k=1}^{n} (-1)^{n-k} (y_k - y_{k-1})$$

$$= \sum_{k=1}^{n} (-1)^{n-k} y_k + \sum_{k=0}^{n-1} (-1)^{n-k} y_k$$

nach Zusammenfassung der Summanden mit $1 \leqq k \leqq n-1$ die Darstellung

$$z_n = (-1)^n z_0 + \frac{2}{\varDelta x} \left(y_n + (-1)^n y_0 + 2 \sum_{k=1}^{n-1} (-1)^{n-k} y_k \right). \qquad (24.6)$$

Bestimmung von Anfangswerten. In den beiden soeben behandelten Fällen ist die gesuchte Folge nur bis auf ihren Anfangswert durch die gegebene Folge bestimmt. Bei einer konkreten physikalischen Aufgabenstellung wird jedoch auch stets der Anfangswert y_0 in (24.5) vorgegeben. So ist y_0 im Fall (13.4) die Anfangslage s_0, im Fall (13.5) die Anfangsgeschwindigkeit v_0, im Fall (13.6) die am Anfang bereits vorhandene Arbeit W_0 und im Fall (13.11) der Anfangsimpuls J_0. Bei s_0 und W_0 gibt man meistens den Wert 0 vor, sofern keine anderen Gründe dagegen sprechen.

Anders ist es bei der Gleichung (24.6). Hier liefert die konkrete physikalische Aufgabenstellung keine Anhaltspunkte zur Bestimmung von z_0, so daß wir eine zusätzliche Überlegung anstellen müssen. Da bekannt ist, daß im physikalischen Bereich der Natur im allgemeinen *Optimalzustände* realisiert werden, dürfte es sinnvoll sein, z_0 nach der Methode der kleinsten Quadrate zu bestimmen. Wir fordern daher, daß

$$Q = \sum_{k=0}^{n} r_k z_k{}^2 \tag{24.7}$$

möglichst klein sein soll, wobei die r_k *positive Gewichte* sind, über die wir noch verfügen können. Je nach der Wahl der r_k und nach der Wahl von n erhalten wir natürlich unterschiedliche z_0 und damit unterschiedliche Modelle der Mechanik. Eine andere Argumentation zur Bestimmung von Anfangswerten findet man in [5].

Wir bringen jetzt hierfür einige *Beispiele*, wobei wir die Abkürzung

$$q_n = \frac{1}{\Delta x}\left(y_n + (-1)^n y_0 + 2\sum_{k=1}^{n-1}(-1)^{n-k} y_k\right) \quad \text{für} \quad n \geqq 1 \tag{24.8}$$

und $q_0 = 0$ benutzen, so daß (24.6) für $n \geqq 0$ wie folgt lautet:

$$z_n = (-1)^n z_0 + 2q_n. \tag{24.9}$$

1^0. Wählen wir $n = 0$, so wird (24.7) für $z_0 = 0$ minimal.

2^0. Wählen wir $n = 1$ und $r_0 = r_1 = 1$, so lautet (24.7)

$$Q = z_0{}^2 + (z_0 - 2q_1)^2$$

und wird nach (23.5) für $z_0 = q_1$ minimal, d. h. wegen (24.8) und (24.9) für

$$z_0 = z_1 = \frac{\Delta y_1}{\Delta x}. \tag{24.10}$$

3^0. Wählen wir $n = 2$ und $r_0 = r_2 = 1$, $r_1 = 2$, so wird

$$Q = z_0{}^2 + 2(z_0 - 2q_1)^2 + (z_0 + 2q_2)^2$$

nach (23.5) und (24.8) für

$$z_0 = q_1 - \frac{1}{2} q_2 = \frac{3\Delta y_1 - \Delta y_2}{2\Delta x} \qquad (24.11)$$

minimal, wobei nach (24.9)

$$z_1 = q_1 + \frac{1}{2} q_2, \qquad z_2 = q_1 + \frac{3}{2} q_2$$

folgt.

Quadratische Funktionen. Ist $y_n = \alpha + \beta n + \gamma n^2$ wie s_n bei dem in § 15 behandelten *Wurf* eine quadratische Funktion, die für $\gamma = 0$ die lineare und für $\gamma = \beta = 0$ die konstante Funktion als Spezialfall enthält, so findet man aus (24.6) unter Beachtung von Aufgabe 8

$$z_n = \begin{cases} z_0 + \dfrac{2\gamma}{\Delta x}\, n & \text{für gerade } n, \\[2mm] \dfrac{2}{\Delta x}\, (\beta + \gamma n) - z_0 & \text{für ungerade } n. \end{cases} \qquad (24.12)$$

Im Fall 3⁰ folgt aus (24.11) $z_0 = \beta/\Delta x$, so daß (24.12) die lineare Funktion

$$z_n = \frac{1}{\Delta x}\, (\beta + 2\gamma n)$$

wird (die hohlen Kreise der Abb. 24). Im Fall 2⁰ folgt aus (24.10) $z_0 = (\beta + \gamma)/\Delta x$, so daß (24.12) in die Funktion

$$z_n = \begin{cases} \dfrac{1}{\Delta x}\, (\beta + \gamma + 2\gamma n) & \text{für gerade } n, \\[2mm] \dfrac{1}{\Delta x}\, (\beta - \gamma + 2\gamma n) & \text{für ungerade } n \end{cases}$$

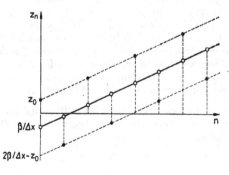

Abb. 24

übergeht, die für $\gamma \neq 0$ um die im Fall 3^0 ermittelte Gerade schwankt (die vollen Kreise der Abb. 24). Im Fall $\gamma = 0$ erhalten wir wie zuvor die konstante Funktion $z_n \equiv \beta/\Delta x$, während (24.12) sonst für $\gamma = 0$, $z_0 \neq \beta/\Delta x$ eine periodische Funktion ist (Abb. 25). Im Fall 1^0, in dem $z_0 = 0$ ist, wird (24.12) lediglich für $\gamma = \beta = 0$ konstant, und zwar $z_n \equiv 0$.

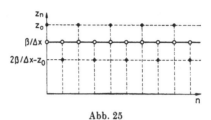

Abb. 25

Aufgabe 40. Man zeige, daß (23.12) im Fall der Regressionsgeraden den minimalen Wert

$$Q = g = \sum_{k=1}^{n} (s_k - \bar{s})^2 - v^2 \sum_{k=1}^{n} (t_k - \bar{t})^2$$

besitzt.

§ 25. Bestimmung von Lösungen

Von einer diskreten Funktion z_k sei bekannt, daß sie die Gestalt

$$z_k = c_1 \lambda_1{}^k + c_2 \lambda_2{}^k \tag{25.1}$$

besitzt, die reellen Zahlen c_j, λ_j, $j = 1, 2$, seien jedoch unbekannt. Von z_k mögen die Meßwerte $z_0, z_1, \ldots, z_{n+1}$ mit $n \geq 3$ vorliegen. Setzen wir diese Werte in (25.1) ein, so entsteht für die vier Unbekannten c_j, λ_j ein *überbestimmtes Gleichungssystem*, von dem wir mit der Methode der kleinsten Quadrate eine *verallgemeinerte Lösung* suchen, bei der die Meßfehler ausgeglichen werden. Der vorliegende Fall ist jedoch wesentlich komplizierter als alle vorhergehenden Fälle, da wir es einerseits mit vier Unbekannten zu tun haben und andererseits die Gleichungen (25.1) für $k > 1$ *nichtlinear* sind. Wie wir aber gleich sehen werden, läßt sich dieses Problem auf zwei lineare Ausgleichsverfahren für jeweils zwei Unbekannte zurückführen.

Bestimmung der λ_j. Wie wir wissen (vgl. etwa (19.2) und (19.3)), treten diskrete Funktionen der Form (25.1) als Lösungen von Differenzengleichungen der Gestalt

$$z_{k+1} + a z_k + b z_{k-1} = 0 \tag{25.2}$$

auf. Setzen wir hier für $k = 1, 2, \ldots, n$ die Meßwerte ein, so haben wir es zunächst mit einem linearen Ausgleichsproblem für die beiden Koeffizienten a, b zu tun. Mit den Umbezeichnungen $x = a$, $y = b$, $a_k = z_k$, $b_k = z_{k-1}$, $f_k = -z_{k+1}$ erhalten wir daher aus (23.10)

$$a = \frac{BD - EF}{AD - F^2}, \quad b = \frac{AE - FB}{AD - F^2} \tag{25.3}$$

und aus (23.3) sowie (23.11)

$$A = \sum_{k=1}^{n} z_k^2, \quad B = -\sum_{k=1}^{n} z_k z_{k+1}, \quad E = -\sum_{k=1}^{n} z_{k-1} z_{k+1},$$

$$C = A + z_{n+1}^2 - z_1^2, \quad D = A + z_0^2 - z_n^2,$$

$$F = -B + z_0 z_1 - z_n z_{n+1}.$$

Ändern sich die Werte z_k stark, indem sie mit wachsendem k recht groß bzw. recht klein werden, so ist es zweckmäßig, diese Änderungen durch geeignete positive *Gewichte* r_k auszugleichen, d. h. die Ausgleichsrechnung auf die aus (25.2) folgende Gleichung

$$r_k z_k a + r_k z_{k-1} b = -r_k z_{k+1}$$

anzuwenden. Das Ergebnis hat dann wieder die Form (25.3), wobei in (23.3) und (23.11) jetzt $a_k = r_k z_k$, $b_k = r_k z_{k-1}$, $f_k = -r_k z_{k+1}$ zu setzen ist. Eine sinnvolle Wahl für die Gewichte r_k lautet

$$r_k = \frac{1}{|z_{k+1}| + |z_k| + |z_{k-1}|}. \tag{25.4}$$

Im Fall $z_k \neq 0$ für $1 \leq k \leq n$ kann man aber auch einfacher $r_k = 1/|z_k|$ wählen.

Nach der Identifikation der zu z_k gehörenden homogenen Differenzengleichung finden wir im Fall $a^2 > 4b$, auf den wir uns beschränken wollen, die Zahlen λ_1, λ_2 aus der zugehörigen charakteristischen Gleichung (6.4). In dieser quadratischen Gleichung drückt sich die Nichtlinearität des ursprünglichen Problems aus. Die Lösungen der charakteristischen Gleichung lauten nach (6.5)

$$\lambda_1 = \frac{1}{2}\left(-a + \sqrt{a^2 - 4b}\right), \quad \lambda_2 = \frac{1}{2}\left(-a - \sqrt{a^2 - 4b}\right)$$

mit (25.3), so daß der erste Teil unseres Problems erledigt ist.

Bestimmung der c_j. Nachdem wir die λ_j bestimmt haben, ist (25.1) bei gegebenen z_k für $k = 0, 1, \ldots, n + 1$ jetzt nur noch ein lineares Ausgleichsproblem für die beiden Unbekannten c_1, c_2. Setzen wir $x = c_1$, $y = c_2$, $a_k = \varrho_k \lambda_1{}^k$, $b_k = \varrho_k \lambda_2{}^k$, $f_k = \varrho_k z_k$ mit geeigneten positiven Gewichten ϱ_k, so geht (25.1) in (23.8) über, und die zugehörige *verallgemeinerte Lösung* lautet nach (23.10)

$$c_1 = \frac{BD - EF}{AD - F^2}, \quad c_2 = \frac{AE - FB}{AD - F^2},$$

wenn wir in den Koeffizienten (23.3) und (23.11) für a_k, b_k, f_k die soeben angegebenen Ausdrücke einsetzen und gleichzeitig beachten, daß k in den Summen von 0 bis $n + 1$ zu laufen hat (sofern wir nicht auf die Werte z_0 und z_{n+1} verzichten). Insbesondere finden wir nach (2.4) für F im Fall $\varrho_k \equiv 1$ wegen $\lambda_1 \lambda_2 = b$ mit (25.3) den geschlossenen Ausdruck

$$F = \sum_{k=0}^{n+1} a_k b_k = \sum_{k=0}^{n+1} b^k = \frac{1 - b^{n+2}}{1 - b}$$

für $b \neq 1$, während für $b = 1$ offenbar $F = n + 2$ wird. Im allgemeinen wird man aber die Gewichte ϱ_k in ähnlicher Weise festlegen wie zuvor die Gewichte r_k.

Es sei bemerkt, daß die soeben durchgeführte zweimalige lineare Ausgleichsrechnung zwar nicht dasselbe Ergebnis wie die eigentlich erforderliche nichtlineare Ausgleichsrechnung liefert, Testrechnungen zeigen aber, daß die Ergebnisse zufriedenstellend ausfallen, wenn man bei den Koeffizienten (25.3) die Gewichte (25.4) benutzt und bei der Berechnung von c_1 und c_2 analog vorgeht. Die Voraussetzung über die Gestalt (25.1) der diskreten Funktion z_k ist immer erfüllt, wenn von vornherein bekannt ist, daß z_k Lösung einer Differenzengleichung zweiter Ordnung (mit $a^2 > 4b$ ist). Ist hierüber nichts bekannt, so kann man natürlich trotzdem die Konstanten λ_j und c_j auf die vorhergehende Weise berechnen und nachträglich feststellen, wie gut die rechte Seite von (25.1) die linke approximiert.

Ein anderes Fehlermaß. Das Gaußsche quadratische Fehlermaß (23.2) zur Bestimmung der verallgemeinerten Lösung des Systems (23.1)

$$a_k x = f_k \tag{25.5}$$

für $k = 1, 2, \ldots, n$ kann auch durch ein *anderes Maß* ersetzt werden, beispielsweise durch

$$M = \sum_{k=1}^{n} |a_k x - f_k|. \tag{25.6}$$

Wählen wir der Einfachheit wegen $n = 2$, so erkennen wir aus Abb. 26, daß

M diesmal für

$$x = \begin{cases} f_1/a_1 & \text{für} \quad |a_1| > |a_2|, \\ f_2/a_2 & \text{für} \quad |a_1| < |a_2| \end{cases} \tag{25.7}$$

minimal wird, während x für $|a_1| = |a_2|$ jeden Wert zwischen f_1/a_1 und f_2/a_2 (einschließlich dieser Werte) annehmen kann.

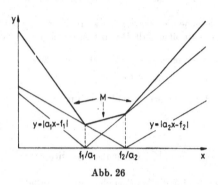

Abb. 26

Diese Methode wollen wir jetzt verwenden, um die in § 22 eingeführte *regularisierte Lösung* eines Randwertproblems näher zu charakterisieren. An Stelle von (22.3) betrachten wir die Lösung

$$z_n = z_n^{(0)} + x z_n'$$

der Differenzengleichung (22.1) mit den Anfangsbedingungen $z_0 = 0$, $z_1 = x$. Wie wir wissen, erhalten wir für $x = -z_N^{(0)}/z_N'$ die Lösung des interessierenden Randwertproblems, allerdings kann diese Lösung im instabilen Fall verhältnismäßig große Werte annehmen. In Anlehnung an eine Idee des sowjetischen Mathematikers A. N. Tichonov bestimmen wir jetzt nach Einführung eines positiven *Regularisierungsparameters* α die Zahl x so, daß

$$M = |z_N^{(0)} + x z_N'| + \alpha |z_1^{(0)} + x z_1'| \tag{25.8}$$

möglichst klein wird. Diese Forderung bedeutet zwischen den beiden im instabilen Fall 2^0 von § 20 im allgemeinen unvereinbaren Bedingungen, daß nämlich einerseits $z_N = 0$ und andererseits z_1 (und damit auch alle folgenden z_n) nicht zu groß sein sollen, einen Kompromiß, wobei dieser Kompromiß durch die Wahl von α gesteuert wird. Wegen $z_1^{(0)} = 0$ und $z_1' = 1$ nimmt die

Größe M nach (25.7) im Fall $\alpha > |z_N{}'|$ ihren minimalen Wert für

$$x = 0 \qquad (25.9)$$

an. Da aber $z_N{}'$ in dem betrachteten instabilen Fall für große N einen kleinen Wert hat, ist die Ungleichung für α für alle sinnvollen Werte α erfüllt, und wir sehen, daß die in § 22 bestimmte *regularisierte Lösung* $z_n{}^{(0)}$ *für diese α durch die Forderung der Minimalität von* (25.8) *eindeutig bestimmt ist.*

Eine ganz entsprechende Überlegung kann für die regularisierte Lösung $\tilde{z}_n{}^{(0)}$ aus (22.4) im instabilen Fall 3^0 von § 20 durchgeführt werden.

Aufgabe 41. Man bestimme x so, daß an Stelle von (25.8)

$$Q = (z_N{}^{(0)} + x z_N{}')^2 + \alpha x^2$$

möglichst klein wird, und vergleiche das Ergebnis mit (25.9).

VIII. Operatormethoden

Will man die zuvor für Differenzengleichungen zweiter Ordnung durchgeführten Überlegungen auf Differenzengleichungen höherer Ordnung übertragen, so stößt man auf keine prinzipiellen Schwierigkeiten. Es werden lediglich die Formeln entsprechend länger, so daß der Schreibaufwand ansteigt. Um diesen Schreibaufwand zu verringern, führt man zweckmäßigerweise geeignete Abkürzungen ein, die sich auch schon bei der Behandlung von Differenzengleichungen zweiter Ordnung als nützlich erweisen, da man mit ihrer Hilfe einige der zuvor durchgeführten Umformungen übersichtlicher gestalten kann.

Bei diesen Abkürzungen handelt es sich in erster Linie um die Einführung von sogenannten *Operatoren* sowie von Rechenoperationen mit diesen Operatoren. Äußerlich gesehen stimmen diese Rechenoperationen im wesentlichen mit der zuvor bereits benutzten „Buchstabenrechnung" der Algebra überein, so daß wir uns scheinbar auf einem vertrauten Gebiet bewegen. Die Buchstaben haben aber jetzt eine ganz andere Bedeutung, so daß wir uns in Wirklichkeit auf einer höheren Abstraktionsstufe befinden. Aus diesem Grunde wurde auch davon Abstand genommen, Operatoren frühzeitig einzuführen und zu verwenden, wie es beispielsweise in den Artikeln [3] und [4] versucht wurde. Doch soll abschließend jetzt ein gewisser Einblick in das Gebiet der Operatorenrechnung gegeben werden, der auf die genannten Artikel aufbaut.

Operatoren. *Ein Operator A ist eine eindeutige Abbildung von einer Menge D, dem Definitionsbereich des Operators, in eine Menge W, den Werte- oder Bildbereich des Operators, bei der jeder Element x ∈ D genau ein Element y ∈ W zugeordnet wird, für das*

$$y = Ax$$

geschrieben wird (Abb. 27). Ein Operator ist daher nichts anderes als eine *abstrakte Funktion*, wo bei den Bildern $A(x)$ des Operators lediglich die bei

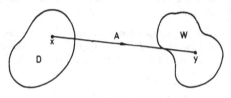

Abb. 27

Funktionen üblichen Klammern weggelassen werden. Die Elemente von D heißen *Operanden*, und bei der Bildung von Ax sagen wir, A wird auf x angewendet. Während die Mengen D und W bei klassischen Funktionen stets Zahlenmengen sind, können sie bei Operatoren weitgehend beliebige Mengen sein. Für unsere Zwecke hier genügt es, wenn wir als Elemente der Mengen D und W *diskrete Funktionen* x_n, y_n im Sinne von Abschnitt I wählen, deren Argumente n von Fall zu Fall festzulegen sind.

Nach einer kurzen Darlegung der grundlegenden Begriffe und Eigenschaften werden wir die Anwendung von Operatoren bei Differenzengleichungen sowie bei Gleichungssystemen erläutern, wobei wir uns natürlich auf einige wenige Andeutungen beschränken müssen. Wer etwas mehr über die dabei auftretenden speziellen Operatoren wissen möchte, möge sich darüber an Hand der Bücher D. R. Dickinson [8] bzw. H. Belkner [2] informieren (vgl. auch [6] und [7]).

§ 26. Grundbegriffe

Die Wirkungsweise eines Operators kann man am besten durch ein *Blockdiagramm* schematisieren, wobei eine *Eingangsfunktion* x_n auf einen *Block* einwirkt und durch einen im Block sich befindenden oder gedachten Mechanismus in eine *Ausgangsfunktion* f_n umgewandelt wird (Abb. 28), für die wir

$$f_n = Ax_n \qquad (26.1)$$

schreiben. Praktische Beispiele für solche Blöcke oder Systeme mag der Leser sich selbst überlegen (vgl. die spätere Abb. 32). Zwei Operatoren A und B heißen gleich,

Abb. 28

geschrieben $A = B$, wenn für jede diskrete Funktion x_n die Bilder gleich sind, also $Ax_n = Bx_n$ gilt.

Multiplikation. Für zwei Operatoren A und B kann man durch die *Reihenschaltung* der Abb. 29 ein *Produkt AB* definieren. Darunter versteht man denjenigen Operator, der eine diskrete Funktion x_n in

$$(AB)\, x_n = A(Bx_n) \tag{26.2}$$

abbildet, wobei die linke Seite durch die rechte definiert wird und die Klammern auf der rechten Seite die Reihenfolge der Abarbeitung angeben.

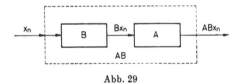

Abb. 29

Im allgemeinen ist $AB \neq BA$; gilt jedoch $AB = BA$, so heißen die Operatoren A und B *vertauschbar*. Das Produkt von drei Operatoren A, B, C ist in dieser Reihenfolge durch

$$(ABC)\, x_n = A\big(B(Cx_n)\big) \tag{26.3}$$

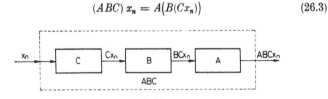

Abb. 30

erklärt (Abb. 30), und ganz entsprechend läßt sich das Produkt von beliebig vielen Operatoren einführen. Aus (26.3) erkennt man sofort, daß das

Operatorprodukt *assoziativ* ist, d. h., für beliebige Operatoren A, B, C gilt

$$A(BC) = (AB)\,C,$$

so daß wir im folgenden bei Produkten die Klammern weglassen können.

Für Operatorprodukte mit gleichen Faktoren benutzen wir die *Potenzschreibweise*, die wir wie in § 1 durch

$$A^m = A^{m-1}A, \qquad A^0 = I$$

für $m = 1, 2, 3, \ldots$ rekursiv definieren können, wobei I der durch

$$Ix_n = x_n \tag{26.4}$$

für alle Operanden x_n erklärte *Einheitsoperator* ist.

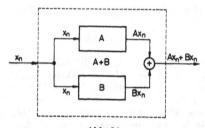

Abb. 31

Addition. Durch die *Parallelschaltung* der Abb. 31 bzw. durch die Formel

$$(A + B)\,x_n = Ax_n + Bx_n \tag{26.5}$$

für beliebige diskrete Funktionen x_n läßt sich für zwei Operatoren A und B auch eine *Summe* $A + B$ definieren. Da die Addition auf der rechten Seite von (26.5) kommutativ und assoziativ ist, gilt auch für die Operatoraddition das *Kommutativgesetz*

$$A + B = B + A \tag{26.6}$$

sowie das *Assoziativgesetz*

$$A + (B + C) = (A + B) + C. \tag{26.7}$$

Da durch mehrfache Anwendung von (26.2) und (26.5)

$$\big((A + B)\,C\big)\,x_n = (A + B)\,(Cx_n) = A(Cx_n) + B(Cx_n)$$

und

$$(AC + BC)\,x_n = (AC)\,x_n + (BC)\,x_n = A(Cx_n) + B(Cx_n)$$

gilt und die rechten Seiten für beliebige diskrete Funktionen x_n dasselbe beinhalten, erkennen wir auch die Richtigkeit des *rechtsseitigen Distributivgesetzes*

$$(A + B)\,C = AC + BC. \tag{26.8}$$

Lineare Operatoren. Ein Operator A heißt *linear*, wenn er für beliebige diskrete Funktionen $x_n{}'$, $x_n{}''$ und für beliebige reelle Zahlen c_1, c_2 die Eigenschaft

$$A(c_1 x_n{}' + c_2 x_n{}'') = c_1 A x_n{}' + c_2 A x_n{}'' \tag{26.9}$$

besitzt. Für einen linearen Operator A gilt wegen

$$\big(A(B + C)\big)\,x_n = A(Bx_n + Cx_n) = ABx_n + ACx_n = (AB + AC)\,x_n,$$

wobei x_n eine beliebige diskrete Funktion ist, auch das *linksseitige Distributivgesetz*

$$A(B + C) = AB + AC. \tag{26.10}$$

Beispiele für lineare Operatoren bilden die reellen Zahlen c, wenn man die Anwendung dieser Operatoren auf eine diskrete Funktion x_n durch die gewöhnliche Multiplikation cx_n erklärt. In der Technik ist ein Zahlenoperator $C = c$ im Fall $c > 1$ ein *Verstärker* und im Fall $c = -1$ ein *Kommutator* mit der Eigenschaft $(-1)\,x_n = -x_n$ (Abb. 32a, b). Im Fall $c = 1$ erhalten wir den Einheitsoperator I und im Fall $c = 0$ den *annullierenden Operator* mit der Eigenschaft

$$0x_n = 0$$

für alle Operanden x_n, wobei die Null auf der rechten Seite die identisch verschwindende Funktion bezeichnet. Lineare Operatoren A sind stets mit Zahlenoperatoren c vertauschbar, da aus (26.9) mit $c_1 = c$ und $c_2 = 0$ unmittelbar $Ac = cA$ folgt. Sie besitzen die identisch verschwindende Funktion $x_n \equiv 0$ als *Fixpunkt*, d. h.

$$A0 = 0, \tag{26.11}$$

wie aus (26.9) für $c_1 = c_2 = 0$ ersichtlich ist.

Ein Beispiel für einen nichtlinearen Operator ist der durch

$$Ax_n = |x_n|$$

definierte *Gleichrichter* A (Abb. 32c), da er die Eigenschaft $A(-x_n) = Ax_n$ besitzt, während für einen linearen Operator A wegen (26.9) mit $c_1 = -1$, $c_2 = 0$ stets $A(-x_n) = -Ax_n$ gilt.

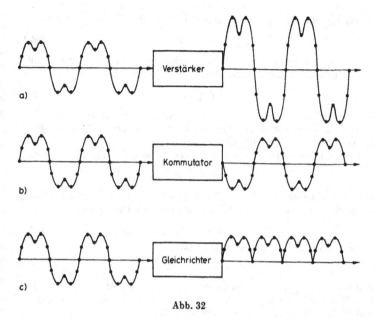

Abb. 32

Verallgemeinerte Inversen. Ein Operator R heißt eine *verallgemeinerte Inverse* von A, wenn eine der Gleichungen

$$AR = I, \qquad RA = I, \qquad ARA = A, \qquad RAR = R \qquad (26.12)$$

erfüllt ist. Genauer gesagt, heißt R eine *Rechtsinverse, Linksinverse, innere Inverse* oder *äußere Inverse* von A, wenn die erste, zweite, dritte bzw. vierte der Gleichungen erfüllt ist. Ist R Rechts- und zugleich Linksinverse, so heißt R einfach *Inverse* von A; ist R innere und zugleich äußere Inverse, so heißt R auch *reflexive Inverse* von A. Trivialerweise ist $R = 0$ äußere Inverse eines jeden Operators.

Besitzt A eine Rechtsinverse R und eine Linksinverse L, so ist $LAR = R$ $= L$. Dies bedeutet, daß eine *Inverse, sofern sie existiert, stets eindeutig* bestimmt ist. Für die Inverse von A benutzt man die Bezeichnung A^{-1}. Existiert A^{-1}, so folgt aus $ARA = A$ durch Multiplikation mit A^{-1} von links und von rechts, daß es dann außer A^{-1} keine weitere innere Inverse von A gibt.

Analog sieht man: Ist R Rechts- oder Linksinverse von A, so ist R auch eine reflexive Inverse von A.

Projektoren. Ein linearer Operator P heißt ein *Projektor*, wenn

$$P^2 = P \tag{26.13}$$

ist. Triviale Projektoren sind der Einheitsoperator I und der annullierende Operator 0. Ein weiterer Projektor ist der durch

$$P x_n \equiv x_0 \tag{26.14}$$

für alle n erklärte Operator P, er heißt *Anfangswertprojektor*.

Ist P ein Projektor, so ist wegen $(I - P)^2 = I - 2P + P^2 = I - P$ auch der Operator $I - P$ ein Projektor.

Ist R eine verallgemeinerte Inverse von A, so gilt wegen (26.12) stets

$$ARAR = AR, \qquad RARA = RA,$$

d. h., die Operatoren AR und RA sind dann im linearen Fall stets Projektoren und nach dem soeben Bewiesenen auch die Operatoren

$$P = I - RA, \qquad Q = I - AR. \tag{26.15}$$

Offenbar gilt für lineare Operatoren stets

$$AP = QA, \qquad PR = RQ, \tag{26.16}$$

und es ist $AP = QA = 0$, falls R innere Inverse von A ist, und $PR = RQ = 0$, falls R äußere Inverse von A ist. Ist R Rechtsinverse von A, so ist $Q = 0$, und ist R Linksinverse von A, so ist $P = 0$.

Aufgabe 42. Man beweise: Ist R_k eine Rechts- bzw. Linksinverse von A_k für $k = 1, 2, \ldots, m$, dann ist $R_m \cdots R_2 R_1$ eine Rechts- bzw. Linksinverse von $A_1 A_2 \cdots A_m$.

§ 27. Lösung linearer Operatorgleichungen

Eine beliebige Gleichung zur Bestimmung einer diskreten Funktion x_n läßt sich mit Hilfe eines geeigneten Operators A stets in der Form

$$A x_n = f_n \tag{27.1}$$

schreiben. Im folgenden wollen wir uns aber ausschließlich auf lineare Operatoren beschränken, für die dann auch die Operatorgleichung (27.1) *linear* heißt. Insbesondere heißt (27.1) dann für $f_n \not\equiv 0$ eine *inhomogene* und für $f_n \equiv 0$ eine *homogene Gleichung*, und es gilt über die Lösungen von (27.1) in Verallgemeinerung von § 7 der

Struktursatz. 1⁰. *Die homogene Gleichung hat stets die identisch verschwindende triviale Lösung.*

2^0. *Sind* x_n' *und* x_n'' *zwei Lösungen der homogenen Gleichung, so ist für beliebige Konstanten* c_1, c_2 *auch* $c_1 x_n' + c_2 x_n''$ *eine Lösung der homogenen Gleichung.*

3^0. *Ist* x_n^* *eine Lösung von* (27.1) *und* $x_n^{(0)}$ *eine Lösung der zugehörigen homogenen Gleichung, so ist* $x_n = x_n^* + x_n^{(0)}$ *eine Lösung der inhomogenen Gleichung* (27.1).

4^0. *Sind* x_n *und* x_n^* *zwei beliebige Lösungen von* (27.1), *so ist* $x_n^{(0)} = x_n - x_n^*$ *stets eine Lösung der zugehörigen homogenen Gleichung.*

Beweis. Die Behauptung 1^0 folgt aus (26.11), 2^0 aus (26.9) und die letzten beiden Behauptungen aus $Ax_n = Ax_n^* + Ax_n^{(0)} = f_n + 0 = f_n$ bzw. $Ax_n^{(0)} = Ax_n - Ax_n^* = f_n - f_n = 0$.

Lösbarkeitsaussagen. *Der Operator* A *möge eine* (lineare) *verallgemeinerte Inverse* R *besitzen. Dann gilt:*

5^0. *Ist* R *eine Rechtsinverse von* A, *so besitzt* (27.1) *mindestens eine Lösung* x_n.

6^0. *Ist* R *eine Linksinverse von* A, *so besitzt* (27.1) *höchstens eine Lösung* x_n.

7^0. *Ist* y_n *die allgemeine Lösung von*

$$APy_n = Qf_n \tag{27.2}$$

mit (26.15), *so ist*

$$x_n = Py_n + Rf_n \tag{27.3}$$

die allgemeine Lösung von (27.1).

8^0. *Ist* R *eine innere Inverse von* A, *so ist*

$$Qf_n = 0 \tag{27.4}$$

eine notwendige und hinreichende Lösbarkeitsbedingung für (27.1), *und* (27.3) *ist mit beliebigem* y_n *die allgemeine Lösung von* (27.1).

Beweis. 5^0. Im Fall $AR = I$ ist $x_n = Rf_n$ stets eine Lösung von (27.1).

6^0. Im Fall $RA = I$ folgt aus (27.1) durch Anwendung von R, daß jede Lösung die Gestalt $x_n = Rf_n$ besitzt.

7^0. Durch Anwendung von Q auf (27.1) folgt wegen (26.16) die Gleichung (27.2) mit $y_n = x_n$, und durch Anwendung von R auf (27.1) folgt wegen (26.15) die Gleichung (27.3) mit $y_n = x_n$. Umgekehrt folgt aus (27.3) durch Anwendung von A und Beachtung von (27.2) sowie von (26.15)

$$Ax_n = APy_n + ARf_n = (Q + AR) f_n = f_n.$$

8^0. Im Fall $AP = QA = 0$ folgt aus (27.2) einerseits (27.4) und andererseits, daß y_n in (27.2) beliebig gewählt werden kann. Damit ist der Satz bewiesen. Im Fall 7^0 kann man für R etwa eine äußere Inverse wählen, obwohl dies nicht notwendig ist.

Folgerungen. 9^0. *Die allgemeine Lösung der homogenen Gleichung $Ax_n = 0$ lautet, falls R innere Inverse von A ist, $x_n = Py_n$* (vgl. (27.3) mit $f_n = 0$).

10^0. *Existiert die Inverse A^{-1}, so besitzt* (27.1) *die eindeutig bestimmte Lösung $x_n = A^{-1}f_n$* (vgl. 5^0 und 6^0).

Verschiebungsoperatoren. Ein wichtiger linearer Operator ist der durch

$$Vx_n = x_{n-1} \qquad (27.5)$$

definierte *Verschiebungsoperator* V, wobei x_n eine beliebige Folge ist, deren Argumente n jetzt die Menge aller ganzen Zahlen durchlaufen soll. Die Potenzen von V,

$$V^2 x_n = V(Vx_n) = Vx_{n-1} = x_{n-2}$$

und allgemeiner

$$V^m x_n = x_{n-m}, \qquad (27.6)$$

sind ebenfalls *Verschiebungsoperatoren* (Abb. 33). Dabei hat die Gleichung (27.6) für beliebige ganze Zahlen m einen Sinn, so daß insbesondere die

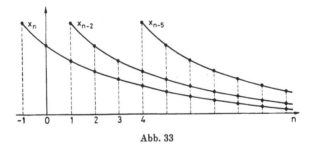

Abb. 33

Inverse V^{-1} mit $V^{-1}x_n = x_{n+1}$ existiert. Es sei bemerkt, daß das bereits in § 13 benutzte Symbol Δ nichts anderes als ein Operator ist, der mit V und dem Einheitsoperator $I = 1$ durch $\Delta = 1 - V$ zusammenhängt.

Die *homogene Gleichung erster Ordnung*

$$(1 - \alpha V) x_n = 0, \qquad (27.7)$$

wobei α eine nicht verschwindende reelle Zahl ist, hat die allgemeine Lösung $x_n = \alpha^n x_0$ (vgl. § 5, 2^0). Deshalb kann $A = 1 - \alpha V$ nach der vorhergehenden Folgerung 10^0 keine Inverse besitzen. Wohl aber hat A eine *Rechtsinverse* R mit

$$Rf_n = \begin{cases} \sum\limits_{k=1}^{n} \alpha^{n-k} f_k & \text{für } n > 0, \\[2mm] 0 & \text{für } n = 0, \\[2mm] -\sum\limits_{k=n+1}^{0} \alpha^{n-k} f_k & \text{für } n < 0, \end{cases} \tag{27.8}$$

wobei man die Werte für $n \geqq 0$ aus (5.6) ablesen kann und die Werte für $n < 0$ sich analog ergeben. Wie man nachrechnen kann, besitzt der durch (26.15) definierte zugehörige *Projektor* P die Eigenschaft $Px_n = \alpha^n x_0$, so daß er für $\alpha = 1$ in den *Anfangswertprojektor* (26.14) übergeht.

Die *homogene Gleichung zweiter Ordnung*

$$(1 + aV + bV^2) x_n = 0 \tag{27.9}$$

mit konstanten Koeffizienten a, b und $b \neq 0$ läßt sich auf den vorhergehenden Fall zurückführen, wenn wir die *Faktorisierung*

$$1 + aV + bV^2 = (1 - \alpha V)(1 - \beta V) \tag{27.10}$$

durchführen, wobei α, β die Wurzeln der zu (27.9) gehörenden charakteristischen Gleichung

$$\lambda^2 + a\lambda + b = 0$$

sind, die wir als reell annehmen. Da die Operatoren $A = 1 - \alpha V$ und $B = 1 - \beta V$ miteinander vertauschbar sind, ergibt sich aus (27.10), daß sowohl $x_n = \alpha^n$ als auch $x_n = \beta^n$ Lösungen von (27.9) sind und daher nach 2^0 auch $x_n = c_1 \alpha^n + c_2 \beta^n$ mit beliebigen Konstanten c_1, c_2. Im Fall $\alpha \neq \beta$ haben wir damit die *allgemeine Lösung* von (27.9) gefunden (vgl. (7.9)). Im Fall $\alpha = \beta$ erhalten wir nach Einführung der Hilfsfunktion

$$v_n = (1 - \alpha V) x_n \tag{27.11}$$

aus (27.9) und (27.10) die Gleichung $(1 - \alpha V) v_n = 0$ und damit die Zwischenlösung $v_n = c\alpha^n$. Aus (27.11) finden wir dann mit Hilfe von (27.8) und 5^0 die weitere Lösung $x_n = cn\alpha^n$ und damit nach 2^0 die *allgemeine Lösung* von (27.9)

$$x_n = (c_1 + cn)\alpha^n,$$

die wir (in anderer Bezeichnungsweise) auch schon in (7.12) angegeben haben.

Betrachten wir an Stelle von (27.9) die *Gleichung mit variablen Koeffizienten*

$$(1 + a_n V + b_n V^2) x_n = 0,$$

so führt der *Faktorisierungsansatz*

$$(1 + a_n V + b_n V^2) = (1 - \alpha_n V)(1 - \beta_n V) \qquad (27.12)$$

wegen

$$(1 - \alpha_n V)(1 - \beta_n V) = 1 - (\alpha_n + \beta_n) V + \alpha_n \beta_{n-1} V^2$$

auf die bereits bekannten Gleichungen (21.3) zur Bestimmung von α_n, β_n. Dabei wurde die Gleichung $V \beta_n = \beta_{n-1} V$ benutzt, bei der man β_n und β_{n-1} als Operatoren mit der gewöhnlichen Multiplikation aufzufassen hat. Diese Gleichung zeigt, daß V und β_n und damit auch die Faktoren in (27.12) *nicht vertauschbar* sind.

Aufgabe 48. Man beweise: Sind A und B lineare Operatoren, so sind auch a) AB, b) $A + B$ und, falls A^{-1} existiert, c) A^{-1} lineare Operatoren.

§ 28. Vektoren und Matrizen

Während wir im vorhergehenden Paragraphen diskrete Funktionen x_n betrachtet haben, die für alle ganzzahligen Werte n definiert waren, wollen wir jetzt näher auf diskrete Funktionen eingehen, die nur für endlich viele Argumentwerte erklärt sind. Solche Funktionen heißen *Vektoren* und die Funktionswerte dieser Funktionen ihre *Koordinaten*. Bei Vektoren ist es üblich, auf die Angabe des Arguments n zu verzichten, so daß wir im folgenden für x_n einfach x schreiben werden. Der Einfachheit wegen beschränken wir uns im weiteren auf den *zweidimensionalen Fall*, daß n nur die Werte 1 und 2 durchläuft, die Vektoren also nur zwei Koordinaten besitzen, da man an diesem Spezialfall bereits alles Wesentliche erläutern kann, was dann analog auch für große n gilt. Für solche Vektoren x, y, f benutzen wir die Schreibweise

$$x = \begin{pmatrix} x_1 \\ x_2 \end{pmatrix}, \quad y = \begin{pmatrix} y_1 \\ y_2 \end{pmatrix}, \quad f = \begin{pmatrix} f_1 \\ f_2 \end{pmatrix}, \qquad (28.1)$$

die besagen soll, daß x die Koordinaten x_1, x_2 besitzt und es bei den übrigen Vektoren analog ist. Die Vektoren (28.1) dürfen nicht mit den auf S. 15 eingeführten Binomialkoeffizienten verwechselt werden. Als diskrete Funktionen lassen sich Vektoren ohne weiteres *addieren* und *mit einer Zahl c multiplizieren*, wobei diese Operationen *koordinatenweise* vorzunehmen sind (vgl. Abb. 34), d. h.

$$\begin{pmatrix} x_1 \\ x_2 \end{pmatrix} + \begin{pmatrix} y_1 \\ y_2 \end{pmatrix} = \begin{pmatrix} x_1 + y_1 \\ x_2 + y_2 \end{pmatrix}, \quad c \begin{pmatrix} x_1 \\ x_2 \end{pmatrix} = \begin{pmatrix} cx_1 \\ cx_2 \end{pmatrix}.$$

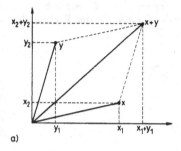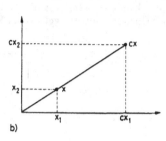

a) b)

Abb. 34

Auch die *Gleichheit* zweier Vektoren ist koordinatenweise zu verstehen. Der Vektor x mit den Koordinaten $x_1 = x_2 = 0$ heißt der *Nullvektor*.

Ein beliebiger linearer Operator A, der eine Abbildung zwischen (zwei-dimensionalen) Vektoren bewirkt, muß bei Anwendung auf x stets ein Ergebnis der Form

$$Ax = \begin{pmatrix} a_1 x_1 + a_2 x_2 \\ a_3 x_1 + a_4 x_2 \end{pmatrix} \tag{28.2}$$

mit gewissen Zahlen $a_1, \ldots, a_4$ liefern, da der Operator in beiden Koordinaten linear sein muß. Die Zahlen $a_1, \ldots, a_4$ hängen natürlich von dem speziellen Operator A ab und bestimmen ihn in eindeutiger Weise. Die Gleichung (28.2) legt es nahe, analog zu der Vektorschreibweise (28.1) für den linearen Operator A mit (28.2) und für einen entsprechenden Operator B die Schreibweise

$$A = \begin{pmatrix} a_1 & a_2 \\ a_3 & a_4 \end{pmatrix}, \quad B = \begin{pmatrix} b_1 & b_2 \\ b_3 & b_4 \end{pmatrix} \tag{28.3}$$

einzuführen. Die auf den rechten Seiten der Gleichungen (28.3) stehenden Ausdrücke heißen *Matrizen*, und die Zahlen, aus denen die Matrizen gebildet werden, die *Elemente* der Matrizen.

Spezielle *Beispiele* liefern uns die Matrizen

$$I = \begin{pmatrix} 1 & 0 \\ 0 & 1 \end{pmatrix}, \quad O = \begin{pmatrix} 0 & 0 \\ 0 & 0 \end{pmatrix}, \quad P_1 = \begin{pmatrix} 1 & 0 \\ 0 & 0 \end{pmatrix}, \quad P_2 = \begin{pmatrix} 0 & 0 \\ 0 & 1 \end{pmatrix} \tag{28.4}$$

mit

$$Ix = \begin{pmatrix} x_1 \\ x_2 \end{pmatrix}, \quad Ox = \begin{pmatrix} 0 \\ 0 \end{pmatrix}, \quad P_1 x = \begin{pmatrix} x_1 \\ 0 \end{pmatrix}, \quad P_2 x = \begin{pmatrix} 0 \\ x_2 \end{pmatrix}.$$

I ist die *Einheitsmatrix*, O die *Nullmatrix*, und die Matrix P_k ist für $k = 1, 2$ jeweils ein *Projektor* auf die entsprechende *Komponente* des Vektors, der als Operand auftritt (vgl. Abb. 35 sowie § 26).

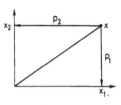

Abb. 35

Rechnungen mit Matrizen. Aus der Definition (26.5) für die Addition von Operatoren folgt für die *Addition* von Matrizen

$$\begin{pmatrix} a_1 & a_2 \\ a_3 & a_4 \end{pmatrix} + \begin{pmatrix} b_1 & b_2 \\ b_3 & b_4 \end{pmatrix} = \begin{pmatrix} a_1 + b_1 & a_2 + b_2 \\ a_3 + b_3 & a_4 + b_4 \end{pmatrix} \tag{28.5}$$

und aus der Definition (26.2) für die *Multiplikation* entsprechend

$$\begin{pmatrix} a_1 & a_2 \\ a_3 & a_4 \end{pmatrix} \begin{pmatrix} b_1 & b_2 \\ b_3 & b_4 \end{pmatrix} = \begin{pmatrix} a_1 b_1 + a_2 b_3 & a_1 b_2 + a_2 b_4 \\ a_3 b_1 + a_4 b_3 & a_3 b_2 + a_4 b_4 \end{pmatrix}. \tag{28.6}$$

Speziell ergibt sich noch aus (26.2) für die *Multiplikation mit einer Zahl c*

$$c \begin{pmatrix} a_1 & a_2 \\ a_3 & a_4 \end{pmatrix} = \begin{pmatrix} ca_1 & ca_2 \\ ca_3 & ca_4 \end{pmatrix} \tag{28.7}$$

(vgl. Aufgabe 44). Matrizenprodukte sind im allgemeinen nicht vertauschbar, wie das *Beispiel*

$$\begin{pmatrix} 0 & 1 \\ 0 & 0 \end{pmatrix} \begin{pmatrix} 0 & 0 \\ 1 & 0 \end{pmatrix} = \begin{pmatrix} 1 & 0 \\ 0 & 0 \end{pmatrix}, \quad \begin{pmatrix} 0 & 0 \\ 1 & 0 \end{pmatrix} \begin{pmatrix} 0 & 1 \\ 0 & 0 \end{pmatrix} = \begin{pmatrix} 0 & 0 \\ 0 & 1 \end{pmatrix}$$

zeigt. Führen wir die Bezeichnungen

$$A = \begin{pmatrix} 0 & 1 \\ 0 & 0 \end{pmatrix}, \quad R = \begin{pmatrix} 0 & 0 \\ 1 & 0 \end{pmatrix} \tag{28.8}$$

ein, so lassen sich die vorhergehenden Gleichungen wegen (28.4) in der Form $AR = P_1$, $RA = P_2$ schreiben, aus der durch erneute Anwendung von (28.6) $ARA = P_1A = AP_2 = A$, $RAR = RP_1 = P_2R = R$ folgt. Damit ist gezeigt, daß die Matrizen A und R zueinander *reflexiv invers* sind, wobei die zugehörigen *Projektoren* (26.15) wegen $P_1 + P_2 = I$

$$P = P_1, \qquad Q = P_2$$

lauten.

Vektoren und Matrizen sind geeignet, um *Gleichungssysteme*

$$a_1x_1 + a_2x_2 = f_1, \qquad a_3x_1 + a_4x_2 = f_2 \qquad (28.9)$$

in der Kurzform $Ax = f$ schreiben zu können. Da das System (28.9) im Fall

$$d = a_1a_4 - a_3a_2 \neq 0 \qquad (28.10)$$

nach (11.3) die eindeutig bestimmte *Lösung*

$$x_1 = \frac{1}{d}\,(a_4f_1 - a_2f_2), \qquad x_2 = \frac{1}{d}\,(-a_3f_1 + a_1f_2)$$

besitzt, können wir jetzt sagen, daß die Matrix A unter der Voraussetzung (28.10) eine *Inverse* besitzt, und zwar bei Verwendung der Eigenschaft (28.7)

$$A^{-1} = \frac{1}{d} \begin{pmatrix} a_4 & -a_2 \\ -a_3 & a_1 \end{pmatrix}.$$

Weiterhin ist es jetzt möglich, die Aufgabe 22 als Spezialfall der Eigenschaft 3⁰ oder auch 8⁰ von § 27 zu behandeln, worauf wir aber nicht weiter eingehen wollen. Bei den Matrizen (28.8) ist die Bedingung (28.10) nicht erfüllt, so daß wir uns dort mit verallgemeinerten Inversen begnügen müssen. Beispiele für eine Rechts- oder Linksinverse, die nicht sogar Inverse ist, gibt es im Bereich der Matrizen (28.3) nicht.

Verschiedene Bereiche. Bisher haben wir uns ausschließlich mit Operatoren befaßt, bei denen Definitions- und Bildbereich übereinstimmen. Im allgemeinen ist diese Voraussetzung jedoch nicht erfüllt. Die vorhergehenden Überlegungen lassen sich auf den allgemeineren Fall übertragen, wenn man darauf achtet, daß bei der Addition $A + B$ die Operatoren A und B einen gemeinsamen Definitionsbereich und einen gemeinsamen Bildbereich besitzen und daß bei der Multiplikation AB der Bildbereich des zweiten Faktors B im Definitionsbereich des ersten Faktors A enthalten ist. Hierfür wollen wir jetzt abschließend einige *Beispiele* anführen, wobei wir uns nach wie vor auf zweidimensionale Vektoren und die zugehörigen Matrizen (28.3) beschränken.

Neben den Vektoren (28.1), die wir jetzt als *Spaltenvektoren* bezeichnen, führen wir die *Zeilenvektoren*

$$\alpha = (a_1 \quad a_2), \qquad \beta = (b_1 \quad b_2) \tag{28.11}$$

ein, die sich von den Spaltenvektoren lediglich in der zeilenweisen Anordnung der Koordinaten unterscheiden. Die *Addition* und die *Multiplikation mit einer Zahl* ist auch hier wieder *koordinatenweise* auszuführen, d. h.

$$(a_1 \quad a_2) + (b_1 \quad b_2) = (a_1 + a_2 \quad b_1 + b_2),$$

$$c(a_1 \quad a_2) = (ca_1 \quad ca_2).$$

Zwischen Spalten- und Zeilenvektoren erklären wir die folgenden beiden *Produkte*:

$$\begin{pmatrix} a_1 \\ a_2 \end{pmatrix} (b_1 \quad b_2) = \begin{pmatrix} a_1 b_1 & a_1 b_2 \\ a_2 b_1 & a_2 b_2 \end{pmatrix}, \quad (b_1 \quad b_2) \begin{pmatrix} a_1 \\ a_2 \end{pmatrix} = a_1 b_1 + a_2 b_2, \tag{28.12}$$

wobei das Ergebnis im ersten Fall eine *Matrix* und im zweiten Fall eine *Zahl* ist. Fassen wir bei den Produkten (28.12) jeweils den ersten Faktor als Operator und den zweiten als Operanden auf, so haben wir es hier mit Beispielen zu tun, bei denen die Operanden und die Bilder unterschiedlichen Mengen angehören. Ein weiteres *Beispiel* dieser Art lautet

$$\begin{pmatrix} a_1 \\ a_2 \end{pmatrix} c = \begin{pmatrix} a_1 c \\ a_2 c \end{pmatrix},$$

wobei c eine reelle Zahl ist.

Wie man zeigen kann, lassen sich die Produkte (28.12) auch als *Operatorprodukte* auffassen, wenn man auf den linken Seiten auch die zweiten Faktoren als Operatoren deutet und sie auf zulässige Operanden anwendet. Wählt man dann

$$a_1 b_1 + a_2 b_2 = 1, \tag{28.13}$$

was auf mannigfache Art möglich ist, so liefert $\beta a = 1$, wobei a der zu α gehörende Spaltenvektor ist, ein Beispiel dafür, daß a Rechtsinverse von β und somit β Linksinverse von a ist. Bei diesen Operatoren gibt es im Gegensatz zu den zuvor betrachteten Matrizen *keine Inversen*, da $a\beta$ nach (28.12) niemals die Einheitsmatrix darstellen kann. Es läßt sich aber erreichen, daß $a\beta$ eine *symmetrische Matrix* wird, bei der $a_1 b_2 = a_2 b_1$ gilt, woraus in Verbindung mit (28.13)

$$b_1 = \frac{a_1}{a_1^2 + a_2^2}, \qquad b_2 = \frac{a_2}{a_1^2 + a_2^2} \tag{28.14}$$

folgt. Die spezielle verallgemeinerte Inverse β von a mit den Koordinaten (28.14) heißt die *Moore-Penrose-Inverse* von a.

Die vorhergehenden Ergebnisse veranschaulichen insbesondere die Eigenschaften 5^0 und 6^0 von § 27, da die Gleichung

$$(a_1 \quad a_2) \begin{pmatrix} x_1 \\ x_2 \end{pmatrix} = f$$

mit einer gegebenen Zahl f unterbestimmt und die Gleichung

$$\begin{pmatrix} a_1 \\ a_2 \end{pmatrix} x = \begin{pmatrix} f_1 \\ f_2 \end{pmatrix} \tag{28.15}$$

mit einer gesuchten Zahl x überbestimmt ist. Multipliziert man die letzte Gleichung formal mit der Moore-Penrose-Inversen β von a, so entsteht wegen (28.14) gerade die *verallgemeinerte Lösung* (23.5) mit $n = 2$ der Vektorgleichung (28.15).

Aufgabe 44. Man beweise die drei Gleichungen (28.5) bis (28.7).

Lösungshinweise

1. $5! = 5 \cdot 4 \cdot 3 \cdot 2 \cdot 1$.

2. Für $k = 0$ und $k = n$ stimmt die Behauptung wegen (1.5). Für die übrigen k folgt sie wegen (1.6) aus

$$\binom{n}{k} = \binom{n-1}{k-1} + \binom{n-1}{k} = \frac{(n-1)!}{(k-1)!\,(n-k)!} + \frac{(n-1)!}{k!\,(n-k-1)!}$$

$$= \frac{(n-1)!}{k!(n-k)!}\,(k+(n-k)) = \frac{n!}{k!(n-k)!}$$

nach dem Prinzip der vollständigen Induktion.

3. $a = \dfrac{63}{100}$, $q = \dfrac{1}{100}$.

4. $\dfrac{a}{1-q} = \dfrac{63}{99} = \dfrac{7}{11}$.

5. $n+1$.

6. $(1-1)^n = 0$; für ungerade n kann man den Beweis auch mit Hilfe von (1.7) führen.

7. $(n+1)! - 1$.

8. $(-1)^n \dfrac{1}{2}\, n(n+1)$.

9. $\dfrac{1}{3}\left((-1)^n + 2^{n+1}\right)$.

10. $\dfrac{1}{2}\, n(n+1)$ (vgl. Aufgabe 8).

11. $\dfrac{1}{2}\, n^2 + c_1 n + c_2$ mit beliebigen Konstanten c_1, c_2.

12. $\dfrac{1}{4}\, n(n+2) + c$ mit einer beliebigen Konstante c.

13. Man multipliziere $y_n' + a y_{n-1}' + b y_{n-2}' = f_n'$ mit c_1 und $y_n'' + a y_{n-1}'' + b y_{n-2}'' = f_n''$ mit c_2, anschließend addiere man die Ergebnisse.

14. $x_n' = \dfrac{c^{2+n} - c^{-n}}{c^2 - 1}$, $x_n'' = \dfrac{c^{1+n} - c^{1-n}}{1 - c^2}$ für $c^2 \neq 1$;

$x_n' = (n + 1) c^n$, $x_n'' = -nc^{n-1}$ für $c^2 = 1$.

15. $x_n' = \sqrt{b^n}\ \dfrac{\sin \omega(n + 1)}{\sin \omega}$, $x_n'' = -\sqrt{b}^{n+1}\ \dfrac{\sin \omega n}{\sin \omega}$.

16. $x_{2n+1} + bx_{2n-1} = 0$, $x_{2n} + bx_{2n-2} = 0$.

17. Man eliminiere in (9.4) zunächst y_{n-1}, ersetze n durch $n - 1$ und eliminiere aus dem Ergebnis mit Hilfe der zweiten Gleichung von (9.4) nochmals y_{n-1}.

18. Man führe die Hilfsfunktion $w_n = y_n z_{n-1} - y_{n-1} z_n$ ein, leite für diese aus (9.5) und (9.12) die Gleichung $w_n = (a^2 - 2) w_{n-1}$ her und dividiere die Lösung $w_n = (a^2 - 2)^n w_0$ dieser Gleichung durch $z_n z_{n-1}$.

19. Aus $x_{n-1} < x_n < x$ folgt $g(x_{n-1}) < g(x_n) < g(x)$, d. h. $x_n < x_{n+1} < x$. Aus $x < x_n < x_{n-1}$ folgt $g(x) < g(x_n) < g(x_{n-1})$, d. h. $x < x_{n+1} < x_n$.

20. Aus $x_{2n-2} < x_{2n} < x$ folgt $g(x_{2n-2}) > g(x_{2n}) > g(x)$, d. h. $x < x_{2n+1} < x_{2n-1}$, durch nochmalige Anwendung von g folgt $g(x) > g(x_{2n+1}) > g(x_{2n-1})$, d. h. $x_{2n} < x_{2n+2} < x$.

21. Aus der Lösbarkeit von (11.4) folgt $p = x - by = bq$.

22. Man wähle etwa $x^* = p$, $y^* = 0$; $x_0 = b$, $y_0 = 1$.

23. Man benutze

$$g(x') - g(x'') = -\frac{1}{239} \left(3(x'^2 + x'x'' + x''^2) + 131(x' + x'')\right)(x' - x'').$$

24. $|g(h(x')) - g(h(x''))| \leqq q |h(x') - h(x'')| \leqq pq |x' - x''|$.

25. $s_n = s_0 + \dfrac{1}{2} \sum\limits_{k=1}^{n} (v_k + v_{k-1}) (t_k - t_{k-1})$.

26. $v_n = (-1)^n v_0 + 2 \sum\limits_{k=1}^{n} (-1)^{n-k} \dfrac{s_k - s_{k-1}}{t_k - t_{k-1}}$.

27. $\sum\limits_{k=1}^{r} m^{(k)} v_n^{(k)} = \sum\limits_{k=1}^{r} m^{(k)} v_0^{(k)}$, wobei $v_n^{(k)}$ die Geschwindigkeit von $m^{(k)}$ zur Zeit t_n bedeutet.

28. $\sum\limits_{k=1}^{r} m^{(k)} s_n^{(k)} = \sum\limits_{k=1}^{r} m^{(k)} s_0^{(k)}$ bei verschwindendem Anfangsimpuls.

29. $\omega \approx \sin \omega \approx 2 \sqrt{\varrho} = \sqrt{\dfrac{f}{m}}\ \Delta t$.

30. $s_n = s_0 \cos \omega n$.

31. Das komplementäre Ereignis „die Maschine hat in keinem der n Zeiträume von t_{k-1} bis t_k, $k = 1, ..., n$, einen Ausfall" hat nach dem Multiplikationssatz die Wahrscheinlichkeit $1 - q_n = p^n$. Wegen des zweiten Ereignisses vgl. Aufgabe 32 mit $m = n - 1$.

32. $p^m - p^n = p^m(1 - p^{n-m})$. Man berechne die Wahrscheinlichkeit für das Ereignis „die Maschine hat ihren ersten Ausfall im Zeitintervall von t_m bis t_n" einerseits mit Hilfe des Additionssatzes und andererseits mit Hilfe des Multiplikationssatzes, wobei es im zweiten Fall nur auf die Länge des Intervalls von t_m bis t_n, nicht aber auf den Anfangspunkt t_m ankommt.

33. $\mu_k = 4 \sin^2\left(\dfrac{2k-1}{4N}\pi\right)$, $z_n^{(k)} = \cos\left(\dfrac{2k-1}{2N}\pi n\right)$, $k = 1, 2, \ldots, N$

34. $g_{11} = a_2 d$, $g_{12} = -d$, $g_{21} = -b_2 d$, $g_{22} = a_1 d$ mit $d = 1/(a_1 a_2 - b_2)$.

35. In $z_n = -g_{n1} b z_0 - g_{n,N-1} z_N$ wurde für g_{n1} die zweite und für $g_{n,N-1}$ die erste der Darstellungen (19.7) bzw. (19.9) benutzt, diese gelten aber nicht in den Grenzfällen $n = 0$ bzw. $n = N$.

36. a) 2^0, b) 3^0.

37. $u_n = 1/v_{-n}$ ist eine Lösung von (21.6) und $v_2 = \alpha_2$.

38. a) $z_n = 1$, b) $z_n \approx 1 + 10^{-10}(2^n - 4^{n-50})$, c) $z_n = 1 + 4^{n-99} - 2^{n-98}$. Man beachte, daß $4^{49} = 3{,}2 \cdot 10^{29}$ ist und $2^{-98} = 3{,}2 \cdot 10^{-30}$.

39. $AD - F^2 = (a^2 + d^2)(b^2 + e^2) - (ab + de)^2$

$$= a^2 b^2 + a^2 e^2 + d^2 b^2 + d^2 e^2 - a^2 b^2 - 2abde - d^2 e^2$$

$$= (ae - db)^2 \text{ usw.}$$

40. Aus den beiden mittleren Gleichungen von (23.13) folgt $c = \dfrac{1}{\Delta}(Be - Ed)$, $f = \dfrac{1}{\Delta}(aE - bB)$ mit $\Delta = ae - bd$. Folglich ist mit (23.10)

$$c^2 + f^2 = \frac{1}{\Delta^2}\left(B^2(e^2 + b^2) + E^2(d^2 + a^2) - 2BE(ed + ab)\right)$$

$$= \frac{1}{\Delta^2}(B^2 D + E^2 A - 2EBF) = \frac{B}{\Delta^2}(BD - EF) + \frac{E}{\Delta^2}(EA - BF)$$

$$= Bx + Ey = \frac{B^2}{A} + \frac{AE - BF}{A}y = \frac{B^2}{A} + \frac{1}{A}(AD - F^2)y^2,$$

und wegen $A = n$, $y = v$,

$$AD - F^2 = n\sum_{k=1}^{n}(t_k - \bar{t})^2, \quad AC - B^2 = n\sum_{k=1}^{n}(s_k - \bar{s})^2$$

gilt

$$g = C - c^2 - f^2 = \frac{1}{A}\left(AC - B^2 - (AD - F^2)y^2\right)$$

$$\Rightarrow \sum_{k=1}^{n}(s_k - \bar{s})^2 - v^2\sum_{k=1}^{n}(t_k - \bar{t})^2.$$

41. $x = -z_N^{(0)} z_N' / (\alpha + z_N'^2) \approx 0$, falls α nicht zu klein gewählt wird.

42. Aus $A_k R_k = I$ für $k = 1, \ldots, m$ folgt $(A_1 \cdots A_m)(R_m \cdots R_1) = I$, aus $R_k A_k = I$ folgt $(R_m \cdots R_1)(A_1 \cdots A_m) = I$.

43. a) $AB(a_1 x_n + b y_n) = A(aBx_n + bBy_n) = aABx_n + bABy_n$,

    b) $(A + B)(ax_n + by_n) = A(ax_n + by_n) + B(ax_n + by_n)$
    $$= a(A + B)x_n + b(A + B)y_n,$$

    c) $Ax_n = f_n$, $Ay_n = g_n$ haben die Lösungen $x_n = A^{-1}f_n$, $y_n = A^{-1}g_n$. Hieraus folgt $A(ax_n + by_n) = af_n + bg_n$ und somit
    $$A^{-1}(af_n + bg_n) = ax_n + by_n = aA^{-1}f_n + bA^{-1}g_n.$$

44. Man wende beide Seiten der zu verifizierenden Gleichung auf einen beliebigen Spaltenvektor x an und überzeuge sich von der Gleichheit der jeweiligen Ergebnisse.

Literatur

[1] BELKNER, H., Metrische Räume, Teubner Verlag, Leipzig 1972.

[2] BELKNER, H., Matrizen, Teubner Verlag, Leipzig 1973.

[3] BERG, L., Lineare Systeme und ihre Beschreibung durch Operatoren, alpha (1975), 49—51, 90.

[4] BERG, L., Rekursionsformeln als spezielle Operatorgleichungen, alpha (1975), 73—75, 94.

[5] BERG, L., Mechanik ohne Differentialgleichungen — verwirklicht durch diskrete Modelle, Wissenschaft und Fortschritt 28 (1978), 146—149.

[6] BERG, L., Operatorenrechnung und Asymptotik. In: Entwicklung der Mathematik in der DDR, VEB Deutscher Verlag der Wissenschaften, Berlin 1974, S. 487—502.

[7] BERG, L., Allgemeine Operatorenrechnung. In: Überblicke Mathematik 6, BI Mannheim/Wien/Zürich (1973), S. 7—49.

[8] DICKINSON, D. R., Operators: An algebraic synthesis, St. Martins Press, New York 1967.

[9] DREWS, K.-D., Lineare Gleichungssysteme und lineare Optimierungsaufgaben, 2. Aufl., VEB Deutscher Verlag der Wissenschaften, Berlin 1977/Steinkopff-Verlag, Darmstadt 1976.

[10] GNEDENKO, B. W., und A. J. CHINTSCHIN, Elementare Einführung in die Wahrscheinlichkeitsrechnung, 11. Aufl., VEB Deutscher Verlag der Wissenschaften, Berlin 1979 (Übersetzung aus dem Russischen).

[11] HÄNSEL, H., Grundzüge der Fehlerrechnung, 3. Aufl., VEB Deutscher Verlag der Wissenschaften, Berlin 1967.

[12] MARKUSCHEWITSCH, A. I., Rekursive Folgen, 4. Aufl., VEB Deutscher Verlag der Wissenschaften, Berlin 1977 (Übersetzung aus dem Russischen).

[13] WILENKIN, N. J., Methoden der schrittweisen Näherung, Teubner Verlag, Leipzig 1974 (Übersetzung aus dem Russischen).

[14] WOROBJOW, N. N., Die Fibonaccischen Zahlen, 3. Aufl., VEB Deutscher Verlag der Wissenschaften, Berlin 1977 (Übersetzung aus dem Russischen).

[15] RICHTER, H., und V. MAMMITZSCH, Methode der kleinsten Quadrate, Verlag Berliner Union GmbH, Verlag W. Kohlhammer GmbH, Stuttgart 1973.

[16] ASSER, G., Grundbegriffe der Mathematik, 3. Aufl., VEB Deutscher Verlag der Wissenschaften, Berlin 1978.

Namen- und Sachverzeichnis